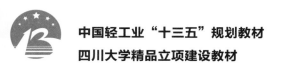

中国轻工业"十三五"规划教材

四川大学精品立项建设教材

鞋类效果图技法

Drawing Skill of Footwear

姚云鹤 编著

中国轻工业出版社

图书在版编目（CIP）数据

鞋类效果图技法 / 姚云鹤编著. —北京：中国轻工业出版社，
2019.12

中国轻工业"十三五"规划教材

ISBN 978-7-5184-2252-4

Ⅰ.①鞋… Ⅱ.①姚… Ⅲ.①鞋–绘画技法–高等学校–教材
Ⅳ.①TS943.2

中国版本图书馆CIP数据核字（2018）第271096号

责任编辑：李建华　　责任终审：劳国强　　整体设计：锋尚设计
策划编辑：李建华　　责任校对：晋　洁　　责任监印：张京华

出版发行：中国轻工业出版社（北京东长安街6号，邮编：100740）

印　　刷：北京画中画印刷有限公司

经　　销：各地新华书店

版　　次：2019年12月第1版第1次印刷

开　　本：787×1092　1/16　印张：13

字　　数：300千字

书　　号：ISBN 978-7-5184-2252-4　定价：65.00元

邮购电话：010-65241695

发行电话：010-85119835　传真：85113293

网　　址：http://www.chlip.com.cn

Email：club@chlip.com.cn

如发现图书残缺请与我社邮购联系调换

121232J1X101ZBW

前言
PREFACE

我国制鞋业经过几十年的发展，取得了举世瞩目的成就，已然成为名副其实的"世界制鞋工厂"。全球一半以上的鞋类产品均出自我国，其中高档鞋或名牌鞋的产量也占据全球最大份额，形成了广州、泉州、温州、成都几大各具特色的鞋业生产基地。同时，我国的人均鞋类消费量和消费额也逐年增长，许多国际一线品牌及中高档品牌都瞄准了中国市场。

然而，由于近年来我国制造业成本不断上升，导致诸多大型鞋企向东南亚等地进行转移，我国制鞋业的优势开始散失。多年以来，大多数鞋类生产企业都是以代工为主，缺乏创建自主品牌的经验与热情，面临产业转移，代工企业的生存开始出现危机；而那些已经创建品牌的企业也面临着强大的市场竞争。

造成以上局面的原因很多。其中，与我国鞋类设计水平有很大关系，20世纪90年代，我国以低廉的劳动力价格和生产成本吸引了诸多中国港台企业与外资鞋企在内地开设工厂。然而几十年后，中国经济水平发生了翻天覆地的变化，生产成本也不复从前。可在这一过程中，我国部分鞋类生产企业并未提前布局，提前创建、培育自主品牌，提升产品设计实力，完成从单纯的生产企业到品牌运营的转型，从而招致产业转移带来的阵痛。

我国目前仍然是世界最大的鞋类产品制造基地，同时也拥有世界第一大鞋类产品消费市场。在这样的优势与契机面前，我国制鞋行业必须积极转型，加强鞋类设计师的培养，培育自主品牌，提升产品设计水准，将"中国制造"升级为"中国创造"。

本书针对我国目前高等院校的鞋类、配饰设计等相关专业的鞋类效果图绘制技法课程进行编写，着重讲解与示范鞋类效果图的实际绘制方法，并就相关的理论基础与设计素养进行分析。本书力图全面涵盖鞋类设计效果图的相关知识，并突出其中的学习重点，希望为读者建立起全面、完善的知识体系，并真正能根据所讲内容进行实操训练。

本书共分为八章，其中第一章对鞋类绘画技法的相关知识和学习方法、要求等进行概述；第二章着重讲授脚型规律、鞋楦与鞋的基础知识及相互关系；第三章主要对素描的基础知识、形式进行叙述，对脚体、楦体尤其是鞋类产品的素描表现进行步骤示范与分析；第四章就鞋类效果图线描的相关知识、训练方法与表现形式等进行讲

前言
PREFACE

解，并重点对不同类型的鞋类产品线描效果图技法进行演示与分析；第五章为鞋类色彩效果图的相关内容，其中包括色彩的基础知识与鞋类设计效果图的绘画技法，并对多种画材的运用方法进行了详细的分析与讲解。第六章主要对各种鞋用面料、配件的绘制方法进行重点讲解；第七章简要介绍了几种主流设计软件：CorelDRAW、Adobe Photoshop 及 Rhino 环境下的鞋类效果图绘制方法；第八章着重介绍鞋类效果图的后期设计与相关的设计效果图赏析。

本书得到了"四川大学精品立项建设教材"项目的资助。在编写过程中，也得到诸多业界朋友的大力帮助，同时还有孙羽、李珉璐、赵书漾等多位同学的大力协助，在此一并表示感谢。

书中难免存在疏漏之处，恳请各位专家、学者不吝指正。

姚云鹤

2018.9.15

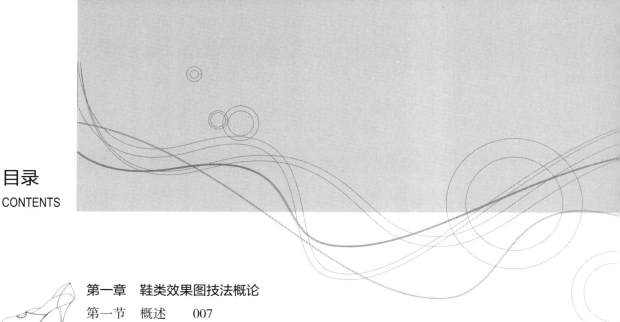

目录
CONTENTS

目录

CONTENTS

第一章
鞋类效果图技法概论

第一节　概述

一、鞋类设计效果图的概念

　　鞋类设计效果图，是指运用线条、明暗调子及色彩等因素进行造型，意在对鞋的款式、结构、体感、质感、工艺及产品的审美特点与设计风格等特征进行传达的设计图稿。这是一种利用造型元素，把三维立体的产品造型转换到二维平面空间中表现的方法，对于鞋类的产品企划和创意设计起到了直观、便捷、高效、经济的益处。

　　设计是对产品进行预想，是实现人—产品—环境三者间沟通与交互的方式，设计师需要对产品的形态、色彩、材料、结构等各方面进行构思，使产品既具有实用功能，又能满足消费群的审美需求。一般而言，鞋类设计的程序包括如下步骤：市场调查—流行信息收集—资料分析—产品定位—产品创意—设计草图—完成效果图—产品样品制作—设计与产品修改与调整—设计报告书—产品完成与展示。

　　鞋类创意设计最理想的表现方式就是通过绘制产品效果图把头脑中尚未完善的设计形象逐步变成完整的、具象的视觉形象呈现出来，以便于审视设计的不足，并与相关环节进行沟通，进而完善设计构思。因此，效果图是传达设计师对产品创意和规划的最佳媒介，可以将设计构思转换为直观、可视的产品形象。

　　效果图绘制是设计环节的重要步骤。同时，通过有效的效果图表现训练，可以很好地拓展设计思维，培养时尚敏锐度，开阔眼界，提升审美能力，提高艺术修养能力，进而设计出实用、美观、时尚的鞋类产品。

二、鞋类与服装的关系

　　服装与鞋类、包袋、帽子、腰带、首饰等各类人体配饰统称为服饰品（图1-1）。可见，鞋类作为配饰品，相较于服装还是处于从属的地位。一则是由于服装的面积往往远大于鞋类，决定了它的整体性，二则从视觉关系上看，服装穿用在人体更加显眼的部位，也决定了它的主体关系。因此，鞋在服饰品中属于配角，是整体服饰的局部。

　　作为鞋类设计师，不能只着眼于鞋类设计，还需对服装的流行趋势和时尚潮流、设计风格多加关注，这些因素往往影响和推动着鞋类产品的趋势变化与款式更新。对于鞋类设计师而言，如何把鞋类产品造型设计融入服饰品的整体设计之中，以及如何把服装的流行元素融入鞋的创新设计之中，使鞋与服装相得益彰，是一个重要的命题。

图1-1　prada 服饰品

　　当然，鞋类相较于服装，也并非完全从属，它也具有鲜明的独立性。首先，由于鞋类与服装的生产设备、技术与工艺有明显的差异性，从事服装生产的工厂不能胜任鞋类的生产，因此，鞋类企业在服饰品行业中是一个相对独立的领域。其次，鞋类的设计与服装设计也有明显的差异。鞋类设计师必须对鞋楦、鞋的结构设计、制鞋工艺等知识要了解，并精通不同鞋类的造型特点、面料运用、款式设计等，才能胜任鞋类设计师的工作。当然，与服装行业相比，在很多其他方面，例如营销模式、商品通路、产业特点等，也各有异同。

三、鞋靴设计效果图的特性

1. 鞋类效果图必须具有真实性

　　产品效果图的最本质意义在于传达产品整体视觉形象和相关设计信息，因此，设计师务必准确地展现产品的造型、结构、色彩、工艺等，以满足各环节中的设计沟通需求。

2. 鞋类效果图具有一定的艺术性

　　虽然效果图只是产品在生产制作前的二维视觉形象，但设计本身就是美化产品的过程，尤其在当下人们物质生活空前丰富，购买力不断增长的情况下，更要注重消费者的内心需求和审美感受。设计效果图表现的是一种设计构想，是对产品形态、色彩、比例、大小、光影的综合表现，是设计师对头脑中创意设计形象的外化。因此，无论是产品设计本身还是效果图的视觉传达设计，势必需要具有一定的艺术性和审美感。

当然，如果产品设计效果图具备良好的视觉美感，对设计的创意与风格呈现到位，技法效果具有感染力，在设计沟通中也更容易被认可。可以说，效果图体现了设计师的专业素质和艺术品位。

3. 效果图必须具备说明性

鞋类效果图最终要转化为实物产品才能完成其使命。因此鞋靴效果图应清晰呈现其造型、结构、工艺等（图1-2）。例如对缝线的表现中，要清晰表明哪些是功能性缝线，哪些是装饰缝线；帮部件之间是对缝还是反缝等，都需要准确的表现。设计师可以通过草图、结构设计图、色彩效果图、三维效果图、重点细节设计图、爆炸图等多种效果图方式进行表现，以满足不同情况下设计信息的传达需求，使产品的创意理念及设计亮点得以完整展现。

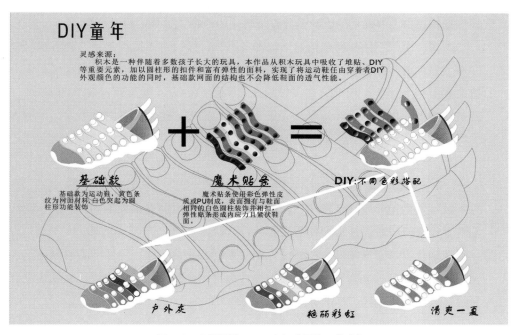

图1-2　童鞋设计：DIY童年（周骏　供稿）

4. 鞋类效果图表现角度的固定性

通常情况下，设计师对鞋款的表现都选择以外怀角度进行体现。这与鞋款产品穿用特点相关，由于鞋的内怀部分不便体现产品的造型设计元素，所以款式设计和造型亮点基本都集中到外怀部分。而且，在表现外怀角度的设计时，通常会比较固定的选择外怀的90°、45°、30°来表现鞋款，这些角度都可以较好地从设计的角度体现产品的全貌。这与卖场中鞋类商品的展示角度是一样的道理。

在效果图绘制中，也可以根据产品特点和设计需要采取俯视角度、内怀角度对鞋款进行表现。如果需要对某些细节的设计进行单独表现，如鞋头、配饰、大底、后跟、鞋跟等，也可以就该局部的设计效果单独进行绘制。

当然，要完成完善、准确、优美的鞋类设计效果图，必须要有一定的设计创意能力和技法表现水平，如掌握鞋类设计的基础知识、创意设计的方法，了解透视法则，掌握各种绘画材料和设计工具的运用方法和技巧等，保持对时尚产业和鞋类设计行业的持续关注、热爱，多加思考、勤学多练，定能成就优秀的鞋类设计人才。

四、鞋类设计效果图的作用

（一）传达设计理念和产品形象

设计效果图最重要的作用就是把设计师头脑中还未完善或比较模糊的设计想象转化为可视化的产品形象。在产品构想之初，设计师头脑中的构思与形象往往是不完善、不确定的，还有种种尚未考虑周全的部分。因此，设计师可以通过效果图的形式，把构想中不够确切的设计形象逐步转化为清晰、具象的视觉形象。

再者，由于不同学科或行业领域都各有其特性，对于皮革制品这种重视视觉形象和审美效果的产品而言，头脑中想象的形象和通过效果图表现出来或直接制作出的实物之间有很大区别。因此，在设计阶段，最理想的方式就是通过效果图高效、便捷、经济地呈现，再根据设计初衷，反复调整设计构思，达到满意的效果后，再进入实物生产环节。

（二）完善设计构思

设计师最初的设计创意往往和最终形成的产品之间有很大不同。因此，设计效果图对于完善与沟通设计构思有至关重要的作用。

在现代设计管理领域，产品设计的分工已经非常细化。一件产品的设计不一定再是由一个设计师独立完成的。就鞋类设计而言，鞋楦设计、结构设计、款式设计、色彩设计、面料搭配等工作都可能会由不同环节的多个设计师合作完成。

为了使产品更好地满足市场需求，最大化地实现商品盈利，一件产品的设计必须征求多方面的意见，例如设计研发团队内部与品牌营销团队、生产团队等，或者与产品订货商、品牌经销商之间进行反复沟通与协调。

设计效果图可以快速、经济地为以上各环节的沟通提供多种参考方案，便于从中选择出优良的设计方案然后进行调整与修改，通过各环节的沟通与反复的设计调整，最终实现最优方案的确立。

同时，效果图便捷、高效的表达方式对于缩短设计方案形成周期，抢占市场先机起到了积极的作用。

（三）提供样品形象

完成设计沟通环节后，确定为最终设计方案的产品效果图将会在商业领域和生产环节中作为确认文件出现，为最终的实物产品提供可视化的样式。当然，效果图文件相比于其他的样品形式也更便于传输与保存。

（四）制定生产标准

设计效果图一旦被确认为生产制作的方案，也就成为生产管理环节中的标准文件，诸如鞋的形态特点、色彩标准、面料选择以及诸多细节设计等都将成为生产和管理的依据。因此，也可以在效果图中辅以适当的文字说明，可以进一步明确产品的设计构思，以弥补文字描述含糊不清或产品效果图表现不到位等缺陷。

（五）培养设计师的观察能力与造型能力

艺术与设计专业的初学者都存在"眼高手低"的问题。由于学习之初，头脑中设想的产品形象总是比自己手绘出来的效果要好很多，绝大多数设计专业的学生在初学阶段都有此困扰："想得出来但是画不出来""画出来的远远不是我想象的样子"。这是由于欠缺设计表现能力，无法把设计构想较好的转换为设计作品的原因导致的。

鞋类设计效果图的绘制过程，是设计师不断理解、揣摩鞋楦造型特点和鞋款设计变化的过程，也是训练自身了解并熟悉各类画材特性，掌握各类鞋款的立体感、材质感表现的过程。因此，通过长期的效果图绘制训练，可以更好地理解如鞋头、帮面、鞋跟、鞋底等各部位的结构与设计特点，提高设计效果图的表现能力。

在此基础上，长期坚持绘制设计效果图，还可以提升设计师的产品设计能力。由于对画材的长期使用和不断熟悉，设计师可以逐渐掌握最"顺手"的画材和技法表现方式，也会渐渐生发出带有个人风格的设计意趣和画面意境。

当然，作为鞋类设计师一定要有清醒的认识，虽然设计与艺术创作一样，需要创意的热情和冲动，但设计不应该是设计师个人单方面的喜好和审美理解的体现。设计师可以塑造个人的设计风格，但同时更要关注为之服务的产品和品牌的市场定位。好的产品最终是由市场认可的。

学会用眼观察，用心感知，用脑分析，用手表现，不断提高自身的理解和审美能力，从而增强设计作品的准确性和实用性，提升作品的时尚性和艺术性。

（六）收集信息

在具备了鞋类效果图的基础技法能力之后，可以时常通过绘画的方式收集时尚资讯与鞋类设计的信息。鞋类外观造型设计是一种视觉化的形象，其美观与否主要是由人的视觉感受来判断的。因此，运用效果图表现的方式，较之文字和语言记录，更具有形象性，能够把相关的视觉元素表现得清晰、具体、准确。

设计师应该多运用图形语言记录优秀的设计信息、优秀创意、时尚趋势等。很多人都有类似的体验，有时头脑中突然灵光乍现，有了很好的想法或灵感，但由于当时没有及时记录下来，过后再也无法想起。作为设计师，一定要有比常人更敏锐的观察能力，在生活中不断发现并及时记录产品在各种生活环境中出现的问题和新的需求，用以启发设计灵感。习惯性的及时记录灵感是一个设计师的重要职业素养。

五、效果图的类型

产品的设计是从人脑中的创意阶段开始，由一个概念或雏形转换为二维空间中简要的设计画面，进而逐步完善成为深入的设计效果图的造型表现过程。

从效果图的深入程度、作用与表现特点结合考虑，鞋类效果图可以划分为设计草图与设计效果图两大类。

（一）设计草图

设计草图，即指设计师在设计开发前期完成的设计稿，是设计师对产品的最初概念和构思的表现（图1-3）。一个新产品的产生需要大量的设计草图，需要各环节对不同的方案进行沟通、筛选和比较，直至达到理想的设计结果，所以设计草图着重表现的是产品的设计特征、造型比例的美感、设计元素之间的协调性。

在完成市场调查和时尚信息搜集、明确品牌和产品定位的前提下，设计师就可以根据已经掌握的信息，结合设计创意在头脑中形成初步的产品设想，并将之用草图的方式表现到画面上。

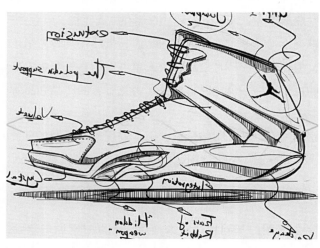

图1-3　设计草图

草图可以帮助设计师打开想象，拓展思路。尽管最初表现出来的设计形象各有差异，甚至有些天马行空，但头脑风暴般的想象过程可以产生很多设计雏形，这些雏形给设计师拓展思路提供了各种可能性。通过这些可能性的概念，设计师可以逐步发展、优化或淘汰一些方案，渐渐理清设计思路，形成更为完善的构思。

在设计开发的前期阶段，通常是将头脑中的设计意图以快速、简明、概括的草图记录下来，而一些不重要的设计细节则可以省略。可用铅笔、钢笔等工具徒手迅速表现，也可以在此基础上确定色彩因素，其中一些重要的设计点，可以采用较细致的表现技法，将其呈现得更为准确；此外，还可以针对一些重点或细节设计辅以文字说明。

需要注意的是，由于草图多以线条表现，因此在表现过程中不求造型比例完全准确，但一定要尽量体现出产品的造型特点，利用线条的表现力传达出产品的设计亮点。因此，较强的手绘线描表达能力是鞋类设计师最基本的要求。

（二）设计效果图

根据皮革制品的设计表现形式和用途，可以分为设计概念图、设计效果图、广告效果图、生产效果图、艺术表现效果图等。

1. 设计概念图（快速表现效果图）

设计概念图是指在对设计草图进行对比、探讨的基础上，结合产品的设计定位进一步审视与确认而完成的设计图，可以采用铅笔、钢笔、软笔等工具完成线稿，并结合色彩工具简洁地表现产品的明暗和色彩关系（图1-4）。

设计概念图也称为快速表现效果图，它比设计草图更加完善、准确，但相较于完整的产品效果图则更加概括，在产品的细节设计处理、体感和材质感的表现方面比较简要。这种效果图呈现出一种高效、明快的视觉效果。

图1-4　马丁靴设计（冉诗雅　供稿）

2. 设计效果图

即通常意义的设计效果图，也称为产品的预想图，是对产品形态、明暗、色彩、材质、肌理、局部细节、功能特点等因素进行细致表现的产品效果图（图1-5）。

设计效果图是在设计草图或设计概念图的基础上完成的最终定稿，以真实、客观、接近成品的设计效果，优美的构图形式，细腻的表现技法和悦目的色彩效果进行产品呈现。设计效果图在设计、生产和商业活动中都扮演着重要角色，是商业活动中沟通、招标、谈判等环节的重要材料。

图1-5　女鞋系列设计效果图（冉诗雅　供稿）

3. 广告用产品效果图

鞋类品牌和产品的推广形式和渠道非常多样化，除明星代言、品牌形象广告、产品的影像和实物照片以外，效果图也因其具有冲击力的设计美感和艺术化的表现形式，正越来越多地被企业采用（图 1-6）。

广告效果图一般应用在各类互联网平台、期刊、招贴、展示会、商场广告位等不同的媒介上，向公众推广企业和品牌形象、产品风格与卖点，可以加深消费者对企业和产品的印象，刺激他们了解新产品的好奇心和欲望。由于受众对于广告浏览的时间非常短暂，且每天面对各类狂轰滥炸的广告信息，很容易因视觉疲劳而熟视无睹，所以广告效果图必须十分注重画面的张力和视觉传达效果，需要在极短的时间内抓住受众的兴趣点，引导消费者集中注意力了解产品信息。因此，广告用产品效果图必须具备强烈的视觉冲击力。

4. 生产效果图

生产效果图也叫款式图或样式图（图 1-7），是专门为生产及管理环节绘制的。这类效果图必须强调产品的生产性和工艺性，要求比例准确，线迹清晰，工艺细节交代完善，必要处应做出明确的注释。客户将以此来检验产品的款式和工艺特点合格与否，生产管理和技术人员也需要以此作为产品的生产标准。所以生产性效果图不需要技法表现有多么生动传神，但必须严格按照真实的比例和结构特点、款式特点进行绘制，丝毫不允许

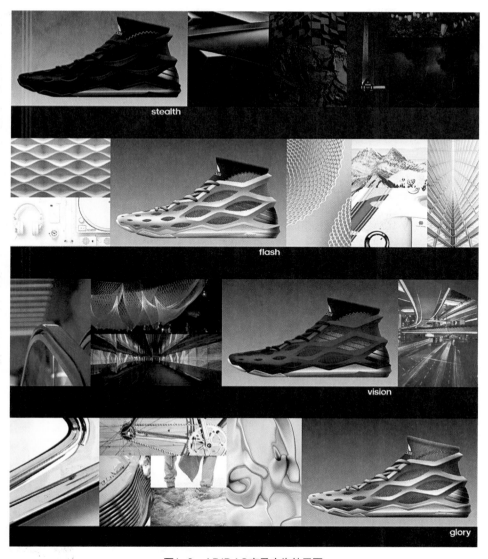

图1-6　ADIDAS产品广告效果图

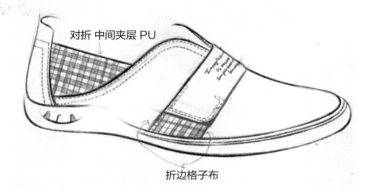

对折 中间夹层 PU

折边格子布

图1-7　生产效果图

艺术夸张或忽略细节。生产效果图多采用线描表现的形式，以手绘或绘图软件完成，力求清晰、准确、细致。

5. 艺术表现效果图

艺术表现效果图更加强调产品设计的创意性和画面的艺术感染力，着重强调产品的设计感和亮点，突出产品的个性和创意点。产品的造型夸张，有感染力，设计元素丰富多样、设计风格强烈，最大化地体现了产品的设计感，突出画面的视觉张力，具有鲜明的艺术特色（图1-8）。艺术表现效果图的表现手段丰富多彩，在画材和表现形式上没有限制，可以充分彰显作品的设计性和设计师的创意水平。一般在展示品牌的形象产品或设计竞赛中会采用这种形式。

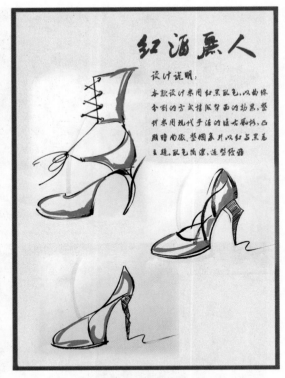

图1-8　艺术表现效果图（赵书漾　供稿）

（三）产品三维模拟图

产品三维模拟图是通过数字技术全方位、多角度地展示产品造型的效果图（图1-9），这类效果图可以模拟真实的产品效果，所见即所得，在产品的真实性表现方面有一定的优势，不过在快捷性和艺术性方面不及手绘表现。能完成此类效果图的设计软件有专业的鞋类设计软件及一些高通用性的三维设计软件。

图1-9　童鞋产品三维模拟图（罗威　供稿）

六、鞋类效果图与纯艺术作品的异同

虽然纯艺术作品与产品设计效果图都是以二维画面的方式呈现的，同样包含了物体的造型与刻画、色彩与技法的运用、画面的构图和布局、形式美感的体现等因素，但设计效果图与绘画艺术作品其实有本质的区别，两者对于作品表现的侧重点是完全不同的。

鞋类效果图的终极目的是设计意义和商业价值，效果图并不是一种独立的艺术形式。优秀的设计效果图可能具有一定的艺术价值，但并不是其主要功能，它最重要的价值在于对创意的呈现和产品的造型表现。因此，效果图绘制相对绘画艺术而言，对绘画表现功底的要求要低一些。

绘画作品表现的是画作者个人对世事的体验与感受，其成果是艺术作品而不是产品，在作画完成时，作品即呈现了最终的形象。而产品的设计效果图表现的则是设计师对产品的初步设想，作品的创意和设计也不能只关注设计师个人的情感和体验，更多地还需结合消费群的需求和流行趋势、时尚潮流。效果图作品的性质仅仅是产品设计蓝图，无论其画面的表现技巧多高，它仍是商品形成中的一环，还需要经过设计沟通环节、生产环节、市场环节，一直贯穿到消费者的购买、使用与反馈等，才能展现其设计的最终价值。所以产品设计应该更多考虑消费群的审美需求，而非设计师个人的感受和趣味，这也是设计与纯艺术的重要差异之一。

第二节　鞋类效果图的学习要求与方法

一、鞋类效果图的学习要义

（一）培养素描造型功底

素描是"一切造型艺术的基础"，是在训练观察、分析和表达能力的基础上进行艺术创造的前提。

素描的表现形式有很多种，可以是简单明快的速写，也可以加入更多的细节，形成慢写，也可以根据需要选择线条或结合光影进行物象的表现（图1-10）。在不断训练中，作画者可以逐步具备细致入微的观察能力和准确的造型能力，学

图1-10　鞋的素描表现（李艳华　供稿）

会发现美，进而创造美。经常用素描语言记录对你有触动的新事物、新形式，把偶尔的灵感形象汇集成一本草图册，不仅可以提升你的造型表现能力，还可以不断挖掘设计潜力，提升创意思维水平和设计能力。

（二）拓展眼界，提升审美能力

我们不仅要学习艺术与设计的基本规律，还需要有意识地开阔眼界，观摩优秀的设计作品，扩展思维，激发潜在的创造性、创新性，从而完善自身设计理念，提升创意水平和审美能力；加之不断的设计训练，才能逐步准确、生动、自如地实现产品的设计创意与表现。

作为鞋类设计师，切不可故步自封，只着眼于鞋类领域。必须关注各类艺术形式、充分吸收各种艺术的特色与精髓，不断提高艺术修养，才能为鞋类设计带来更多的创新点。

鞋类产业作为一种具有强烈流行性特征的行业，设计师还必须具备敏感的时尚触觉，也不要仅仅局限于对服饰品行业信息和趋势的了解，对各种具有流行性的行业（如家居、汽车行业等）和高关注度的事件（如政治、经济、社会重大事件等）也应该有所了解，才能更好地把握市场热点、消费观念及潮流，不被市场遗弃和淘汰。

（三）学习绘画与设计理论，坚持艺术设计实践

古今中外的艺术家与工艺、设计大师们经过长期的实践和探索，留下了大量的艺术理论和传世作品，这些都是值得我们学习的珍贵财富。理论来自实践，又可以转而指导实践，使后来者的学习事半功倍。理论可以告诉我们什么是好的绘画与设计，告诉我们一些绘画与设计的表现方法，有了理论的指导，绘画与设计就有了评价的方向和尺度。

学习鞋类效果图既要掌握科学的学习方法和设计实践的规律，同时还要假以时日不断练习，才能逐步领会创意设计的精髓，对形式美感的基础元素——形态与色彩的感受与表达更加敏锐，进而提高审美能力，设计出更高水平的作品。设计水平的提升不能只靠学习理论，而是需要把理论融入长期的设计实践中，相互补充，不断揣摩，才能转换为设计师自身的专业素养。

（四）培养思维的发散性和设计整合能力

设计的重点是创新，创新要依靠思维，这种思维应该是创意性、发散性的。在鞋类创意设计和表现过程中，要有意识地锻炼自己的创意思维。

通过效果图的绘制也可以调动设计师对产品设计中关于产品创新、功能、材料、结构、工艺、形态的整体思考和对设计元素的整合能力。

（五）科学合理的学习方法

1. 分阶段学习

学习是一个不断深化的过程，要按照一定的学习规律步步深入，随着表现能力的提高，设计创意能力也能逐步提高。

初学阶段可以把注意力着重放在线条与造型的练习上，一边练习线条，一边大胆应用线条造型。不要怕画错而不停地使用橡皮，即便画错了，只要不是非常影响画面效果，直接在原来的基础上继续画上一条线进行修正即可，学画之初不要追求画面干净、细腻，而要放开手脚，敢于下笔和表现。一开始的学习目的只是把握线条与形状，不要拘泥太多。

具体的训练可以分为以下几个阶段：首先，造型的准确性和形体透视关系的理解和训练；其次，线条表现力的理解和训练；再者，是形体的空间感、立体感的表达；然后是物体质感表达的训练，还要注意画面的版式、构图等形式美的因素；最后，还可以针对不同的产品和画面设计风格进行训练。经过以上训练，就可以胜任鞋类效果图的设计表现工作了。要注意的是，以上几个阶段也不需要截然分开，时常也会穿插进行、相互补充，以便学生有融会贯通的理解。

2. 注重以设计为主要方向

进行技法练习之初，应把注意力集中在设计层面，尤其是鞋类设计领域。

多积累设计知识、时尚资讯、专业资料；尽快进入鞋类设计师的状态，多揣摩、研习优秀设计和效果图，使绘制出的造型更加接近产品效果图的要求。可以临摹一些造型准确、有设计感、便于上手的鞋类线描效果图资料；逐步熟悉鞋类产品的结构、材质、工艺等知识，了解各种鞋类产品的实际研发流程、生产制作要求和市场需求。

二、鞋类效果图的学习要求

（一）总体要求

一幅成熟的鞋类设计效果图应具备的特点：

① 整体造型准确、协调，设计要点美观、明了。

② 产品设计应该有明确的创意性及良好的实用性，功能设计合理，设计细节清晰。

③ 效果图技法表现运用得当，能准确、细腻地呈现出产品的体感、质感，色彩设计、技法运用与设计主题、设计风格相得益彰。

④ 设计说明准确、清楚，有一定的感染力，对设计主题、创意思路和设计效果有明确的解释与说明；色彩运用和面料选择合理，并有明确的交代。

⑤ 画面构图完整饱满，有较好的画面布局意识，形式感强。

（二）具体要求

我国清末新兴启蒙思想家严复先生在《天演论》中的"译例言"中讲道："译事三难：信、达、雅。求其信已大难矣，顾信矣不达，虽译犹不译也，则达尚焉。"

鞋类效果图的表达虽然不是文字翻译的过程，但笔者以为道理亦然如此。效果图是将头脑中抽象的设计创意思维转译为具象的产品形象并将之以绘画与设计语言的形式呈现到二维画面中的过程。因此也同样有着准确、练达、优美之要求。

图1-11　女单鞋（冉诗雅　供稿）

具体而言，在鞋类效果图的表现过程中，力求经过不断的思考和大量的训练，逐步具备准确、快速、生动的造型能力，当然，这也是在造型基础学习中的一个渐进过程，不可能一蹴而就。

1. 准确

准确是鞋类设计效果图绘制的前提，没有准确的造型基础，再好的表现手法、再快的速度也等于是空中楼阁，没有实际意义。

对于初学者来说，应该着力解决造型的准确性问题，不要着急追求绘制的速度或者其他看似很"酷炫"的表现技巧。在初学阶段，必须给自己一段时间能够沉下心来认真理解鞋楦、鞋款的造型特点，并在绘制过程中不厌其烦地找准比例、结构关系，经过一定时长的训练过程，才能较好地跨越画不准形态的障碍（图1-11）。

2. 快速

设计效果图有别于艺术创作，非常追求产品设计的时效性，尤其是对于鞋类这种既有时尚性又有季节性的产品而言更是如此。因此，基于商品生产效率的经济性，决定了设计师必须能够在较短的时间内完成效果图。

当然，快速的前提必须是准确，否则就失去了意义；同时，要达到快速表现的技法能力，还需要经过长时间的锻炼，使心、眼、手的相互配合达到高度默契的状态。

3. 生动

在准确和快速表现鞋类效果图的基础上，设计师还需要有意识地追求鞋类造型的生动性，做到形态准确，意境生动，一气呵成，跃然纸上。

要绘制出生动传神的设计效果图，需对产品的创意理念和设计风格有深刻的认识与解读，而后再选用与之高度契合的设计元素，与设计主题相得益彰的画面形式和表现技法，才能达到由形而神的生动意境。

三、鞋类效果图的学习原则

明确了鞋类效果图的学习要义和要求，还需要根据效果图的学习特点，分阶段逐步深入训练。鞋类效果图的学习应该遵循以下几项原则。

1. 由慢到快的原则

在初学阶段多观察各类鞋款的结构特点和细节，做到在头脑中能反映出鞋的整体形态和基本的帮部件关系，达成对鞋子的基础认识。

学习鞋类效果图应遵循由慢写入手，初学阶段多花时间分析鞋款的形态，才是准确下笔的前提，即使偶尔观察和揣摩的时间比绘制的时间更多也是正常的。此阶段切勿心急求快，如果已经意识到有形态画得不够准确的地方，就尽量修改，不能抱着勉勉强强的心态，将就画完了事。能够在一张习作上解决的问题，就不要花两张或更多张习作解决，这只会造成更多基础工作的时间浪费。当然，初学效果图也不能过度地事事要求完美。有的人可能花了半小时，画面上还只有一条线或者在画面上反反复复地擦除，这是源于对自身造型能力的极度不自信，总觉得处处都是问题，画上去又赶忙擦掉。这会造成很多时间的浪费。对这种情况，建议要先大胆表达，不能仅仅画了几条线或者极少部分就不断否定自己，不停地擦除。对存在这种问题的学生，应该鼓励他们尽量把对象完整地画出来，再去审视效果图，才能发现存在的更多问题，谈得上更好地提高。

初学效果图阶段，应该做到态度不敷衍，也不必过度苛求。多观察，以较慢的速度表现对象，在对形态与结构有一定的掌握之后，再逐步尝试控制绘制效果图的时长，最终实现更自由的设计和创意表现。

2. 由简到繁的原则

初学之际，如果学习内容过于复杂，反而会导致抓不到重点，影响学习效率。鞋类效果图的表现看似简单，实则在形准上并不好把握，且有诸多的结构与款式、工艺、细节需要注意。对于初学者而言，如果鞋的造型和所有的款式细节都要同时处理，就容易出现顾头不顾尾的情况，例如，前帮各种设计细节都画好了，才发现鞋的前跷高度不恰当；靴筒已经全部表现完成，却发现鞋跟高度不够，等等。

因此，鞋类效果图的学习适合由简单的基本款式入手，减少干扰因素，利于初学者把注意力集中到鞋的基本结构与造型规律上去，这样可以更快地掌握鞋的基本特点；如果在学习过程中感觉鞋的某个特定部位造型比较困难，也可以从局部造型入手，单独就某些部分进行练习，加强对难点部分的理解和掌握。

3. 量变到质变的原则

鞋类效果图的学习并非一朝一夕之功，只有坚持长期的大量训练，才能取得较大的进步和质的飞跃。鞋类效果图的学习如果靠短时间强化，确实能够以较快的速度掌握一些绘制的方法，但短时间强化也很容易在短时间内忘记，所以在课程的学习之余，还需要靠长期的练习，结合鞋类创意设计与艺术表现风格等因素进行综合性的理解与体悟。

同时，鞋类效果图的练习并非只关乎手绘功底的训练。除了手绘训练以外，还需要学习大量的优秀设计作品、市场研判、品牌运营与产品推广等知识，勤于考察市场，设计采风，这对设计师的审美眼光和时尚嗅觉的提高、对品牌的理解与运作能力的提升有着至关重要的作用。

4. 由写实到写意的原则

所谓写实性效果图，即是根据产品原有的造型比例和形态特征，尽量以其本身的造型关系为基准进行表现的方式；而写意性效果图，则是在其原有造型特点的基础上，根据设计特点对某些部分进行有意识的夸张变化，在表现方法上也可以根据设计效果去繁就简，以取得突出产品设计特征与风格的目的。

总体而言，鞋类设计效果图大多数都是以写实性表现方式为主的。这和鞋类产品设计面积比较有限，在适穿性和舒适度方面的精确性要求较高，以及与鞋类较为复杂的结构变化、多样化的工艺设计、丰富的面料和鞋材等因素都有一定的关系。所以鞋类设计效果图画面表现特点近乎于工业设计产品的精细化要求。当然，也有一些设计效果图，为了体现产品的设计风格或设计师的个人风格，或是为了特定的用途，如参加以突出设计创意性为主的鞋类设计大赛等，会追求效果图的写意性表现效果。

但对于初学者而言，还需遵循由写实到写意的原则，在作品的选择上以写实性作品的练习为主。否则，在鞋款的基本造型问题没有理解的情况下，表现出来的写意效果图对该准确交代的部分画不准，对该夸张的部分也不能恰到好处地放大造型的美感与变化，只会显得问题百出，捉襟见肘。

四、鞋类效果图的学习手段

效果图技法的学习是循序渐进的过程，初学者可以根据学习的进展与自身的学习情况采取以下几种方法进行交替练习。

1. 临摹

临摹是指根据他人已经完成的作品进行模仿、绘制的一种绘画方式。

临摹对于初学者而言是必经过程，一边学习鞋楦特征与脚型规律，一边临摹写实性鞋类线描作品，不仅可以促进对鞋的形准与结构的进一步理解，还能在临摹优秀设计作品的同时领会他人的设计思路和表现方法。待线描技法能力有一定的积累之后，也可以根据自身水平和能力拓展的需要临摹色彩效果图。但在临摹的进程中还需尽量坚持由简到繁、由写实到写意的原则。

2. 写生

写生是指对照实物进行观察的基础上，对物体进行描绘的一种绘画方式。

在学习了线描技法的理论知识和绘画规律、对优秀作品进行临摹的基础上，还需对鞋楦、鞋的造型特征进一步解读，并对照鞋与楦的实物进行写生训练。写生与临摹的主要不同之处在于：临摹是根据别人已经画好作品再次绘制；写生则可以锻炼对三维实物的观察与理解，并锻炼作画者将三维实物转换到二维空间中进行表达的能力，更为重要的是，写生能力对于后期产品的设计表现能力有着重要的意义。

在写生过程中，作画者可以站在一个固定的点位，利用铅笔来测量物体的比例关系，例如测量物体的高度时，将铅笔垂直竖起，手臂完全伸直指向目标，闭上一只眼，把铅笔顶端和物体的顶端对齐，拇指下滑，对齐物体的底部端，即可获得物体的高度与铅笔长度的比例关系。照此方式，可以完成其他维度的比例关系测量，并将之以一定的缩放比例绘制在画面上。但是，写生最重要的方法还是要训练自己的眼睛，对眼前的实物进行对比、分析，在反复比较中确认造型的准确性。

3. 默画

默画是指在没有任何参照物的情况下，根据对物体的理解和记忆进行绘制的一种方法。

默画对于培养作画者对物体的强化记忆有一定的帮助。对鞋类效果图的初学者而言，从某种程度上来讲，默画完成的形态才最能反映他们对物体造型的理解程度。建议大家在写生或临摹后再进行默画，可以加强对形态的理解和概括能力，同时检视自身对造型理解上的不足。

4. 创作

创作是指根据自己的构思和创意完成作品的过程。

通过前三种训练方法，学习者对于鞋的造型已经具备较为深入的理解和掌握能力。但这都是学习的过程，而非目的。鞋类效果图真正的学习目的在于让学习者掌握效果图的表现技法，以便帮助他们准确、快速地传达产品的设计创意。

当然，创作与表现是两条腿走路，任何一条腿都不可或缺。学习者在掌握一定的表现技法的基础上，结合生活中的积累和观察，可以把创意和灵感加以归纳和提炼运用在鞋类设计创作中。只有原创性的品牌和产品，才能在市场中占领更长久稳固的地位。

5. 优秀作品的阅读、观摩和思考

除了采用以上各种绘画训练方式，作为设计师，还需要习惯性地阅读优秀设计作品，并对其设计思路和创意方法进行理解，建立勤于思考的习惯，锻炼自身的设计思维，掌握业内的经典作品和设计趋势，拓宽视野，了解前沿，才能设计出符合市场需求的产品。

五、对设计师的要求

首先，对于鞋类设计师而言，创意和表现能力是最为重要的两极。如果缺乏创意，就难以产生好的设计，创造优良的产品；如果缺乏表现能力，无法充分表现设计创意，则可能错失产生好产品的机会。

其次，作为设计师，必须对产品设计有全面的理解。鞋类设计是一门综合性的交叉学科，涉及方方面面的知识，如人机工程学、生物力学、产品的造型美学、市场营销学、流行学、历史文化学等诸多领域。因此，设计师如果仅仅着眼于其中某一方面，就难以把握产品的整体走向与未来趋势。

除以上与鞋类设计相关的学科以外，设计师还必须是一个"通才"，注重综合素质和文化底蕴、艺术修养的提升。设计需要创新性思维，创意灵感和创新思维的培养需要养分，除了生活中的体悟和灵光一现，还需有更多地从文学、建筑、艺术、历史文化与大自然中去感受和开发。

六、鞋类设计效果图的绘画工具

1. 笔与颜料

鞋类效果图常用的绘画工具有硬笔和软笔之分。硬笔有自动铅笔、绘图铅笔、彩色铅笔、马克笔、弯尖钢笔（书法钢笔）、色粉棒、针管笔等（图1-12），这类画笔由于笔尖的硬度，在用笔控制上相对容易，也便于携带，比较适合初学者使用，例如，铅笔一般用作线描表现技法及效果图的初始步骤中起稿、勾形，水溶彩色铅笔也适合初学者绘制色彩效果图。软笔有水粉笔、水彩笔（图1-13）、毛笔、依纹笔、油画笔、板刷等，软笔一般会采用介质（如水、松节油）来软化笔尖，同时不同的笔还需配合相应的颜料使用。

鞋靴效果图所用的颜料主要是水粉和水彩颜料。水粉颜料的特点是覆盖力较强，一般学画者都首先从水粉画开始练习色彩技法与造型。水彩颜料属透明水色，覆盖力较差，但色彩艳度较高，颜料运用在纸上的干湿变化不大。

图1-12　绘画硬笔

图1-13　水彩笔、水粉笔

2. 纸张

不同的画法在用纸上也会有区别。水粉、水彩、淡彩等需要用水做媒介的画材，比较适合选用绵软、吸水性强的厚纸张，如素描纸、水粉纸、水彩纸等；而类似马克笔、彩铅等画材则可以选用质地细腻、均匀的复印纸、喷墨打印纸、白卡纸等，当然马克笔还可以选用马克笔专用纸张，纸面更加光滑细密。

此外还有很多的特种纸，即加入特殊的材质或经过特殊工艺处理的纸张。这些纸张设计匠心独运，做工精美，质地细腻，或粗犷豪放，或文艺清新，或优雅娴静，或奇幻缤纷，设计师可以根据纸张的特性搭配不同的画笔进行表现，取得更加多样性的效果。除了运用于效果图绘制外，特种纸还可以用于画面的装裱。选用与设计风格相搭配的纸张，可以更好地营造画面效果。

3. 其他工具及材料

　　除了主要的纸、笔、颜料以外，初学者还可以准备美工刀、橡皮、直尺、三角板、曲线板等绘图工具以备不时之需；此外，一些看似不是绘图工具的材料，往往对设计作品的表现有意想不到的作用，如一些不再需要的眼影粉、唇彩、指甲油，或是一些废弃的装饰品，如发夹、扣子、珠串、漂亮的布料等，都可能在设计表现中发挥独到的作用。所以设计师一定要有一双会发现美的眼睛和一双会妙用材料的手。

思考与练习

1. 你认为优秀的鞋类效果图需要具备哪些因素？为什么？
2. 请分别搜集 10 张你认为优秀的效果图和效果较差的效果图，并说明原因。

第二章
脚型规律和鞋楦与鞋的基础知识

第一节　脚的形态与相关基础知识

　　鞋作为一种具有明确实用功能的产品，必须满足人体的穿着要求和具备基本的舒适度。因此，鞋类设计师必须掌握脚型、鞋楦和鞋的相关知识，才能做好鞋的设计工作。大多数人在购鞋时应该都有过类似的经历：有的鞋款式看起来非常漂亮，很有设计感或装饰性，但是穿后却发现不合脚，如鞋子太挤了，或是后跟不跟脚等；甚至有时候在试穿和购买过程中没有发现问题，但是其后的穿用过程中，发现鞋子合脚性差，或是因为设计不合理造成脚趾、后跟等部位磨脚起泡，在这种情况下，再漂亮的鞋子也只能束之高阁。当然，也有与此情形刚好相反的情况，有的鞋款式看似简单，没有亮点，在卖场中看似不起眼，但是穿在脚上却很美观、合体，把脚体衬托得非常漂亮。

　　出现以上问题的原因就在于鞋的设计没有做到合乎人的脚体曲面和生物力学要求，鞋楦的设计不符合人体工学设计，对此，鞋类相较于服装而言要求更高。究其原因：第一，消费者对鞋的合脚性要求更高、尺寸要求更加精准。虽然人的体型不同，但因为服装一般不会紧贴人体，因此只要根据自身各部位尺寸对商品进行比对和试穿，一般来讲不会出现太大的偏差，对于消费者而言，服装的尺寸若是存在1~2cm的差异是可以接受的，并不会很明显地影响穿着效果，但如果鞋的尺码有同样的偏差，就会影响甚至无法穿着。第二，消费者对鞋的舒适度要求更高，每个人的脚型都不尽相同，脚的长短胖瘦、足弓的高低甚至足部的变形或足疾等是因人而异的，因此同码的脚面对同一款鞋时，对于其舒适度的感受差异甚远。所以消费者普遍的共识是：买鞋最妥当的方式还是试穿。第三，鞋类在购买后无法改变尺寸和大小。服装在购买后修改长短等尺寸是比较容易实现的，但鞋就不具备这样的优势，一双鞋要是存在合脚性或舒适度问题，往往就成了废弃品。即便有的款式可以微调，其修改成本也大大高于服装，并不为广大消费者接受。

因此，成功的鞋类产品不仅需要外观设计得光鲜亮丽，而是在追求设计感和时尚感的同时，还必须强调鞋的舒适性。只有给顾客带来更好穿用体验的产品，才能取得更稳定的市场地位。

明确腿、脚和鞋楦、鞋的特征及其相互间的关系，是掌握鞋结构设计、功能设计与舒适度考量的重要前提。

一、腿和脚的外部形态与名称

人体的下肢可分为大腿、小腿和脚三部分。脚也称为足，脚型即指脚的形态，包括外部的形态和内部的构造。

从腿和脚的外部形态来看，腿部包括大腿、膝盖、小腿，脚部包括脚趾、脚背、脚心、脚跟、脚踝、脚腕等（图2-1）。

脚是人体的运动器官，它由肌肉、骨骼、韧带、血管、淋巴管、神经、皮肤等组织构成。人体的左右两只脚基本是对称的，大脚趾一侧称为内怀，小脚趾一侧称为外怀。由于构成脚的骨骼多而肌肉少，因而脚的形态比较稳定，也才得以承担人体的绝大部分重量。

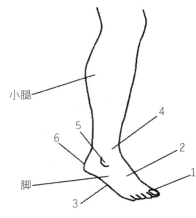

图2-1　腿和脚的外形

1—脚趾　2—脚背　3—脚心
4—脚腕　5—踝骨　6—脚跟

二、腿和脚的骨骼及关节

鞋类设计师对于腿、脚的特征，主要是掌握其整体的形态、骨骼、运动规律和基本的生物力学特点，这些知识是绘制鞋类产品效果图的基础，同时也对鞋结构设计的合理性、舒适性有重要的作用。

1. 人体骨骼

人的全身骨骼共有206块，其中小腿至脚部的骨骼共有52块。成年人的骨骼由

1/3的有机质（骨胶）和2/3的无机质（以磷酸钙为主）组成，既坚硬又有一定的弹性；儿童的骨骼有机质含量较高，因此弹性大，硬度较小；而老年人的骨骼无机质含量较高，因此硬度大，容易发生骨折伤害。

由于人体的不断代谢，骨骼也具有一定的可塑性，当体内外环境发生变化时，骨骼的形态、结构也会随之改变。例如，在骨折以后，骨骼能够愈合或再生；长期卧床的病人会出现骨质疏松症等。所以足部也需要合理的保护才能维持健康，应避免因鞋不合脚而导致足部变形或疾病发生。

骨骼是支架，构成了人体的基本轮廓，在体表能观察到肌肉和骨骼的凸起或凹陷部分，分别称为肌性标志或骨性标志。制鞋技术人员即是利用这些标志来作为脚型测量的部位点。

2. 腿和脚部分的骨骼

人体的下肢骨骼包括髋骨、股骨、髌骨、胫骨、腓骨、跗骨和趾骨，与鞋类设计有关的主要是胫骨、腓骨和趾骨（图2-2）。

3. 脚部分的关节

腿脚关节包含趾关节、跖趾关节、跗跖关节、踝关节、距跟关节，跟骰关节等（图2-3）。

足骨之间的连接紧密，活动性小，稳定性较大。这与足部支撑人体重量的功能相适应。其中跟骨和骰骨构成的跟骰关节与距骨、跟骨与舟骨构成的距跟舟关节合称为跗横关节，该关节可以使足部完成内翻和外翻动作。

踝关节也叫小腿关节，是由胫骨、腓骨的下端和距骨组成。关节囊的前后松弛，骨外侧有韧带。踝关节可以做背屈和趾屈运动。

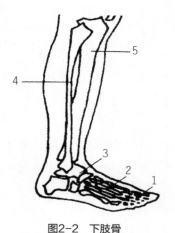

图2-2　下肢骨

1—趾骨　2—距骨　3—跗骨
4—腓骨　5—胫骨

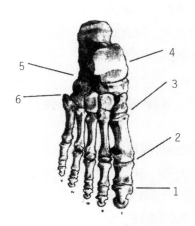

图2-3　骨关节及其连接

1—趾关节　2—跖趾关节　3—跗跖关节
4—踝关节　5—距跟关节　6—跟骰关节

4. 足弓

足的跗骨和跖骨依靠肌腱、韧带等具有弹性和收缩力的组织牵拉而构成的上凸弓状结构，即为足弓。足弓是人体完成站立、行走和负重等一系列动作中的弹性装置，可以起到缓冲地面反作用力，进而保护血管和神经免受压迫的作用。足弓不明显的称为扁平足，足弓过高的称为高弓足。

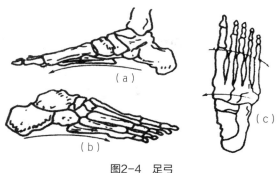

图2-4 足弓

（a）内纵弓 （b）外纵弓 （c）前后横弓

按伸展方向，脚弓可分为横足弓和纵足弓（图2-4）。

① 纵足弓：分为内侧纵弓和外侧纵弓两部分。内侧纵弓在足的内侧缘，由跟骨、距骨、舟骨、3块楔骨和内侧第一至第三跖骨构成，弓背的最高点为距骨头。外侧纵弓在足的外侧缘，由跟骨、骰骨及第四、第五跖骨构成，骰骨为弓的最高点，此弓曲度小，弹性弱，主要与直立负重姿势的维持有关。

② 横足弓：脚的横向由第一楔骨至骰骨排列成弓形。横足弓由韧带和腓骨长肌及拇收肌的横头维持。

三、脚的尺寸变化

成年人的脚部形态看似已经完全定型，但实际上在人体内外环境发生改变的情况下，也会产生一定的变化。导致脚部尺寸变化的主要因素有以下几点。

1. 季节的影响

人体自身有生理机能调节机制，在夏季，足部微血管和肌肉会扩张以增加散热，而在冬季，足部微血管不仅不会扩张，反而人脚整体都会有一定程度的收缩，以减少热量的流失。当然，如有因足部冻伤而导致冻疮的情况，脚的尺寸就会增大。

因此，同一双脚在外部环境发生冷热变化时会有一定的变化。

2. 负重的影响

在负重状态下，人体脚部会发生较为明显的变化：足弓下降，同时由于足部骨骼间有较大的骨块间隙被韧带和肌肉充垫，使得跖趾关节在一定程度上受到横向压缩而伸张；足底的脂肪在脚骨的压力下使脂肪垫层厚度被挤压，导致脚的长度和宽度有所伸张。以上变化会因为人体负重程度的不同而改变。

四、脚型测量基础知识

脚型是指脚的形状及各特征部位的尺寸，脚型是设计鞋楦的主要依据。尤其是高级定制领域，为客户进行脚型测量与鞋楦制作是必不可少的环节。在量产鞋生产过程中，掌握某国家或地区的普遍性脚型数据并将其规律化，才能制作出符合大多数人需求的鞋楦和鞋型。因此，在鞋类设计与生产中，脚型测量这一环节就显得尤为重要。

传统的脚型测量的基础工具有：踏脚印器、画笔、布带尺、卷尺、量脚卡尺、量高仪等。脚型测量时，被测量者必须立正姿势，两脚叉开约20cm，使人体重量均衡分布于双脚，测量的部位如图2-5所示。

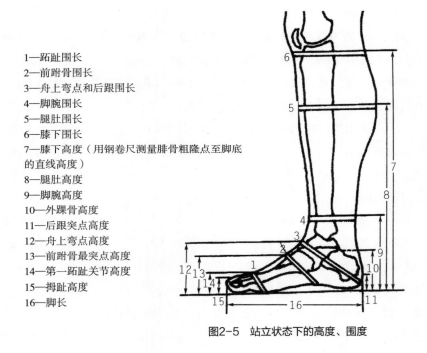

1—跖趾围长
2—前跗骨围长
3—舟上弯点和后跟围长
4—脚腕围长
5—腿肚围长
6—膝下围长
7—膝下高度（用钢卷尺测量腓骨粗隆点至脚底的直线高度）
8—腿肚高度
9—脚腕高度
10—外踝骨高度
11—后跟突点高度
12—舟上弯点高度
13—前跗骨最突点高度
14—第一跖趾关节高度
15—拇趾高度
16—脚长

图2-5　站立状态下的高度、围度

随着科技的进步，脚型测量工作也取得了突破性的进展，越来越多的研究机构和企业采用3D脚型扫描仪完成脚型测量工作，不仅节约了人力和时间成本，在精准度和科学性方面也更加专业。

脚是人体的重要组成部分，承受着人体的重量和劳动或运动产生的负荷。脚型规律反映出不同民族、地区、性别人群的固有特征及其基本身体素质，也是一个国家、民族的人体标准数值的重要组成部分。

1965—1968 年三年时间里，我国开展了第一次全国性的脚型调查，依据调查结果，总结出了当时"中国人的脚型规律"，并在此基础上制定了 GB 3293-1982《中国鞋号及鞋楦系列》。这是我国第一个关于制鞋方面的标准，为统一中国鞋号、推动中国制鞋业的发展做出了重大的贡献。2001 年，国家公益项目"中国人群脚型规律的研究"课题组在华北、西北、东北、华南、华中及西南等六个地区的重要城市、厂矿和农村进行 10 万多对的脚型数据采集，并依据新的脚型数据，制定了 GB/T 3293-2007《中国鞋楦系列》。

第二节　鞋楦与脚型规律的关系

鞋楦既是鞋类设计必须使用的造型母体，也是鞋的成型模具。

鞋楦的设计主要包括楦体、头型、肉头安排、楦底样设计等内容。鞋楦是鞋合脚性与舒适性的重要决定因素。因此鞋楦必须反映脚部在动态与静态下的形态、尺寸和应力变化，同时还与鞋的品种、加工工艺、原材料的性能和穿着环境及穿用的对象有种种关联。因此，鞋楦设计既包含科学性，也有经验性的因素。

鞋楦的楦面各部位都是多向弯曲的圆滑曲面，往往需要经过反反复复的修改和试制，且技术传授也比较困难，难以系统和标准化，这也给鞋楦的设计工作带来了一定的困难，自 1983 年起国家标准局颁布了 GB/T 3293—1982《中国鞋号及鞋楦系列》GB/T 3293.1—1998《鞋号》、GB/T 3293—2007《中国鞋楦系列》等一系列国家标准，经过国家和行业相关机构与中国鞋类企业的不断努力，我国的鞋楦设计与标准工作取得了突破性的进展。

一、鞋楦的分类

鞋楦具体有以下几种分类方法：

① 根据鞋类品种：可以分为皮鞋楦、布鞋楦、运动鞋楦等。

② 根据性别：可以分为男、女及中性鞋楦。

③ 根据年龄：可以分为成人、大童、中童、小童鞋楦。

④ 根据鞋的帮样结构：可以分为耳式鞋楦、舌式鞋楦、圆口式鞋楦等。

⑤ 根据穿用季节：可以分为单鞋楦、靴子楦、凉鞋楦等。

⑥ 根据鞋楦材质：可以分为木鞋楦、塑料鞋楦、金属鞋楦等。

⑦ 根据楦体结构：可分为整体楦、开盖楦、两截楦和弹簧楦等。

⑧ 根据楦跟的高度：可分为平跟楦、中跟楦和高跟楦三类。

⑨ 根据鞋楦制作工艺：可分为注塑、模压、注胶、胶粘、缝制鞋楦等。

二、鞋楦的名称

鞋楦名称包括鞋的种类、后跷高度、穿用对象及款式四部分。

例如：

① L–20 男素头鞋楦：即后跷高为 20mm 的男素头（中圆头）皮鞋楦。

② A–20 女中帮旅游鞋楦：即后跷高为 20mm 的女中帮旅游鞋楦。

③ R–40 女轻便鞋楦：即后跷高为 40mm 的女轻便雨靴楦。

④ C–0 女橡筋鞋楦：即后跷高为 25mm 以下的女橡筋布鞋楦。

⑤ P–0 童全空凉鞋楦：即后跷高为 25mm 以下的童全空塑料凉鞋楦。

注：L 即 leather shoe（皮鞋）的缩写；A 即 athletic footwear（旅游鞋）的缩写；R 即 rubber（胶鞋）的缩写；C 即 cotton（布鞋）的缩写；P 即 plastic（塑料鞋）的缩写。

三、脚体与鞋楦各部位名称的对应关系

① 楦前头与脚趾的前端相对应。

② 楦跖围与脚跖围（也即脚的第一和第五跖趾关节）最突点的围度相对应。

③ 楦背与脚背相对应。

④ 楦腰窝的里腰窝和外腰窝与脚腰窝部位相对应。

⑤ 楦后跟与脚后跟相对应。

⑥ 楦统口是鞋楦的收拢部位，与脚踝骨、脚腕弯部位相对应。

⑦ 楦前掌底面与脚前掌相对应。

⑧ 楦后跟底面与脚后跟底面相对应。

⑨ 楦底心与脚底心相对应。

四、鞋楦的相关概念

（一）鞋楦底部几个基本长度的定义

鞋楦与脚型的关系如图 2–6 所示。其中与鞋效果图绘制最密切的是放余量和后容差这一对概念。

1. 放余量

放余量是指脚趾端点到楦底端点的长度。放余量主要是为了保证脚部在鞋腔内合理的活动空间，同时也与鞋款的类型、鞋头的造型有关。如超长的尖头鞋和大圆头的鞋款相比，两者的放余量差别是非常明显的。

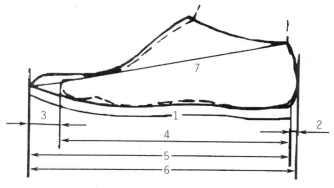

图2-6 鞋楦与脚型的关系

1—楦底样长 2—后容差 3—放余量 4—脚长 5—楦底长 6—楦全长 7—楦斜长

2. 后容差

后容差是指楦底后端点与后跟突点间形成的投影距离。人体的脚后跟有一定的凸度，因此鞋楦也必须有相应的凸度才能保证成鞋的跟脚性，同时由于不同种类鞋的原材料、款式、结构、跟高等也会造成后容差的变化。如皮鞋相较于布鞋的后跟，因为皮鞋的后跟有主跟，而布鞋的材料则比较轻软，所以前者的后容差就需比后者更大。

（二）脚的基本宽度与楦的基本宽度

鞋楦跖趾部位的宽度和围度设计，一方面以脚的基本宽度为基础，同时还需根据鞋的品种、用途、后跟高度等综合考虑。如果鞋楦基本宽度过大，会导致楦体相应部位的上部扁塌，反而会压迫跖趾部位；如果宽度不够，则会造成鞋子夹脚的情况。例如，在楦体的其他数据一致的情况下，高跟鞋鞋楦应比低跟鞋鞋楦的宽度有所降低。

（三）脚与楦的前跷

人脚在不负重的自然状态下，脚趾部位与脚底平面之间会形成一定的角度，一般为15°左右，即为脚的前跷度。鞋楦的前跷是指楦底前掌凸点在与平面接触时，鞋楦前端点距平面的高度。成人鞋楦的前跷高度一般以15mm为宜，不超过20mm。前跷高度适当可以提升鞋的舒适度，减少大底磨损，降低帮面褶皱的产生。如果前跷过高，就容易使前掌凸起，与地面接触面减少，加速局部磨损，影响前掌舒适度；前跷过低，则帮面容易产生大而集中的褶皱，鞋底的前端也容易造成磨损。

鞋楦前跷高度的设定一方面要根据脚的前跷度，同时应结合鞋的品类、结构、鞋楦头型、跟高及材料等因素进行综合考量。例如，同款鞋楦在其他数据相同的情况下，跟高增加，则前跷相应降低。

（四）脚与楦的后跷

人在行走时，必须把脚抬高才能迈步，所以在行走过程中跖趾关节会有一定程度的折曲，如果穿上有一定跟高的鞋，就可以减少人体向前抬脚的高度，从而降低人体行走时的耗能。同时，还可以使人体重量更合理地分布于脚体的各部位，使人在行走过程中更加舒适轻快。

楦的后跷高度即指前掌凸点与平面接触时，鞋楦后端点距平面的高度。后跷高度与鞋跟高度有直接关系。据研究，鞋跟跟高有一定的极限：幼儿的鞋跟以 3~8mm 为宜，小学生的鞋跟高度以 15mm 以下为宜，而成人的鞋跟高度以 20~30mm 为最佳高度；如果超过以上尺寸，人体的重量则前移，使人在站立或行走时重心不够稳定；同时导致跖趾关节部位承重较大，加剧脚趾变形。

（五）脚跖围与楦跖围

跖趾关节是脚体活动最频繁、运动幅度最大的部位，如果鞋楦跖围部位处理不当，容易造成跖趾部位的磨损，所以此处的肉头安排非常重要，这也是评价鞋楦设计师设计能力的标准之一。根据感觉极限实验，成年男女的各类鞋楦跖围均不同程度的小于脚跖围。相反，由于儿童的足部还处于发育期，根据年龄大小，鞋楦跖围均应不同程度的大于脚跖围。

（六）脚跗围与楦跗围

楦跗围对于鞋款的跟脚性有直接的影响。根据鞋款的品类和款式不同，脚跗围和楦跗围也存在不同的差异。例如皮鞋与布鞋相比，皮鞋由于底部有勾心，所以鞋楦的里腰窝可以尽量接近脚型曲度，但布鞋的里腰窝则较为平坦，脚心与鞋底的间隙较大。所以皮鞋的楦跗围可以小于脚跗围，而布鞋的楦跗围则大于脚跗围。

（七）脚的兜跟围长与楦的兜跟围长

在设计靴子时，兜跟因素是必须考虑的重要指标。人的脚腕部位灵活，且活动范围较大。在人体不同的动态下兜跟围度也会发生变化，例如人在坐姿、站姿和下蹲状态下，兜跟围长会次第增加。因此，鞋楦的兜跟围长设计必须考虑到人体的活动需求。一般而言，楦的兜跟围长比脚的兜跟围长大 20mm。

（八）脚与鞋楦的踵心宽度

脚的踵心部位是承担人体自重及人体负重时的主要部位。人在站姿或行走状态下，脚部踵心两侧的肌肉会因受力的原因而膨胀，所以鞋腔内必须留有一定的余量，使脚部踵心部位不受挤压，同时也不能因空间过大导致足部左右移动而造成不稳定。

因此鞋楦的踵心部位必须要略大于脚的踵心部位。

（九）脚与鞋楦的前掌及踵心凸度

前掌和踵心的凸起部位是脚体的主要着地部位。根据脚的自然形态特点，鞋内底这两个部位需要一定的凹度才能契合脚型特征。因此，鞋楦的前掌和踵心凸度的设计直接影响鞋的舒适度。成年人的鞋楦前掌凸度一般在 5~7mm，凸起部位的形状以三角形为宜；踵心部位的凸度一般在 3~4mm，凸起部位的形状以半椭圆形为宜。

鞋楦是鞋子的灵魂，其造型受脚型规律和舒适度的制约，因此，鞋楦设计必须以脚型为基础。考虑脚与鞋之间的各种关系，如脚在静止和运动状态下的形状、尺寸、受力的变化以及鞋的品种、式样、加工工艺、辅助原材料和穿用环境，掌握楦型的设计与造型特点可以更加准确地绘制鞋类效果图。

更为明显的是，鞋楦造型会根据流行趋势而不断变化。因此鞋楦具有一定的审美性。从某种程度来讲，鞋类设计师同时也是楦型的设计师，不同造型的鞋楦不仅决定着鞋的造型，更体现了鞋的整体风格。优秀的鞋类设计师必须对鞋楦造型有深入的理解，才能更好地把握流行趋势与市场走向。

第三节　鞋与脚型、鞋楦的关系

鞋的造型主要由三个要素组成，首先要有鞋楦提供鞋的基本造型，再加上鞋帮和鞋底，才能制作一款完整的鞋。

鞋楦的造型与设计对于鞋的造型美观与舒适度的影响是非常关键的。首先，不同楦型、品种、工艺的鞋楦，在鞋楦的造型设计要求上各有异。其次，鞋楦的设计一方面要考虑造型的美观，楦体的线条优美，同时也要在楦体各部位肉体安排的舒适性方面考虑周全。这方面的具体设计知识和要求建议参考鞋楦设计的书籍和相关资料。

帮面是鞋类设计中一个重要的表现部分，设计师可根据鞋楦特点和设计主题、流行元素、设计风格等对帮面的外观造型进行设计变化。当然，鞋帮的造型款式和结构安排必须与楦型的造型相搭配，并受其制约和影响。

鞋底在外观造型上的效果和舒适度方面的作用不可小觑。鞋底造型受鞋款种类的制约较大，同时也根据楦型的具体特点和帮面款式而变化，两者相辅相成。好的鞋底造型不仅能烘托鞋的整体设计效果，还能提高鞋的舒适度。鞋底的外观设计可以从底的厚度、宽度、鞋墙、大底图案和造型等方面考虑，而舒适度的考量则主要从内底，尤其是中底和大底的材料、性能、结构、工艺等方面进行。

一款造型时尚、美观、实用舒适的鞋，必须是鞋楦、鞋底和帮面几部分设计的和谐统一。

1. 请陈述人体足部、鞋楦与鞋之间的关系，并说明原因。
2. 设计鞋类产品，绘制鞋靴效果图时，需要如何联系脚型特点与规律进行合理的设计？

第三章
鞋楦和鞋与脚体的素描表现

第一节　概述

素描是一种既古老又现代的绘画形式。在中国古代的绘画艺术中，素描主要是白描的形式，是我国绘画艺术领域研究造型的基本手段，一直延续至今；西方的素描可以追溯到早期的洞穴壁画。在中世纪，素描以宗教题材为主，采用铅笔或钢笔表现。文艺复兴以来，素描日渐成为备受推崇的一种独立绘画艺术形式。20世纪20年代，留学欧洲的学子将西方素描的观念引入我国，对我国传统的绘画发展产生了强烈的冲击；中华人民共和国成立后，苏联模式的素描教学体系一度成为我国标准化的素描教学方式，完全忽视了我国传统及西欧的素描教学方法。改革开放以来，我国的素描绘画理念和教学体系进入更加多元和深化发展的时期。

一、素描的概念、特征

素描就是用单色进行造型表现的一种绘画形式。素描主要是以写实性的态度研究对象的造型、空间、图形、图式，表达以上内容的手段主要有线条、形态、结构、明暗、空间、肌理、质感等。

素描是培养基础造型能力极为重要的手段，也是艺术与设计专业主要的基础课程，素描的学习是一种综合能力的培养，可以培养学生对事物的观察理解能力和艺术思维，对作画者造型能力的培养大有裨益。同时，在作画过程中，通过临摹优秀的素描作品、写生和速写等方式，也帮助我们认识自然，发现生活中美的形式，提升人文素养和审美能力。对鞋类设计专业的学生而言，打好素描基础也是学习鞋类效果图及相关设计课程的基石。

二、素描的涵义和作用

素描是用线条造型的艺术。形态上，可以把物体分解为若干基本的几何体组合去理解；表现方式上，通过单线形式表现物体的形态；也可以通过线面结合的形式表现物体的结构与体感；还可以通过线条的组合而形成面，通过深浅、浓淡的处理表现物体的空间感和材质感。

素描学习一方面需要理解画理，坚持长期训练，同时还要学会读画，从优秀的素描作品中体会线、面、体的关系处理和绘画精神；我们可以从艺术巨匠的作品中领略他们对物体造型的理解、对素描表现力的拓展和作品的独特魅力。

学习素描可以帮助理解形体，提高造型水平，促进手、心、眼的能力整合。通过素描训练，对物体的形态、体感、质感表现能力的提高非常重要，而这也是鞋类色彩效果图学习的必备基础；再者，在不断的观察与造型训练中，通过分析、对比，可以逐步提高审美能力，从而创造出更具美感的形式；进而掌握准确表达自己设计构想和意象的形象语言表达能力。

图3-1　短靴素描表现（李珉璐　供稿）

三、构成素描的基本要素

素描由点、线、面、体、空间、结构、明暗、质感等因素构成（图3-1）。线条是造型的基础，无论是以线条为主的结构素描，还是强调明暗关系的调子素描及创意性的设计素描中，线条都是最基础的元素。物体的结构是造型的本质因素，一个物体的结构明确，其形态就能够确立，而光影是变化因素，素描的学习切不可追逐变化因素而忽略本质。

在素描造型训练中，强调把物体拆解成基本形进行理解。法国艺术家塞尚曾说：世界上所有的物体，作为体积的形状不外乎球体、锥体、圆柱体和立方体。我们平时看到的物体，都可以用这几种形体来概括。通过这种高度概括的方法，可以让我们透过物体复杂的表面进入物象的本质。

四、素描的常见概念

① 造型：是指构成画面的图形，包含比例、透视、形态、结构、材料、质地等。

② 感觉：指视觉感受，分为平面感觉、立体感觉、空间感觉。

③ 量感：指物体在空间中由光线造成的明暗而被感受到的体量，是物体的体量感、质感等因素的表现。

④ 空间感：指因透视及明暗的深浅差别而表现出物体空间的远近感和层次关系。

⑤ 轮廓：指物象的外形、边界，应注意形体的轮廓属于其整个体积的一部分。

⑥ 块面：指面的集合体，面是立体、空间表现的基本概念。以块、面来观察对象，可以将注意力集中于画面的整体关系上，以免过多被细节干扰。

⑦ 形：指物体的形状、形态，也包含作画者对形的感知、理解和表现。

⑧ 调子：指明暗层次，作画者需要把观察到的明暗关系归纳为合理的层次关系进行概括表现。

五、素描的表现方法分类

素描的类型有很多。广义上讲，单色的绘画即为素描，包含黑白山水画、白描画、钢笔画、版画等。狭义的素描包括单色的草图、速写、结构素描、明暗素描等，一般采用铅笔、炭笔、炭条、毛笔、钢笔等单色画材进行绘制。

以下介绍几种常见的素描表现形式。

1. 结构素描

结构素描指以物体内在的结构关系为主要表现对象的素描形式。结构素描以线条的表现力和准确的透视关系为基础，弱化光影的作用，着重强调形体的结构特征。与白描、线描不同的是，结构素描需要对物体的厚度、体积和空间进行扎实的表现。

2. 调子素描

调子素描又称明暗素描、光影素描，指以光影、明暗调子为主要造型手段来表达空间、形体、质感等因素的素描表现形式，以物体在空间和光线条件下呈现出的明暗关系和层次为表现重点，是力图在二维画面空间中模拟物体的立体感和空间感的表现形式。

调子素描强调在结构准确的前提下分析明暗规律，以空间关系和明暗层次为手段，充分、生动地表达客观对象的体积感、质感、量感、空间氛围感以及某种程度的色感（以明度差别来体现）。明暗是构成完整视觉表现形式的重要因素，而明暗调子的体现，则主要是通过线条的排列组合来赋予。

3. 线面结合素描

线面结合素描是素描表现的常见形式，是把明暗和线条表现进行结合的一种方法。以线为主，明暗为辅。明暗可以在一定程度上补充线条表现的单薄感，以达到对物象立体感的补充表现。

4. 设计素描

设计素描是指强调设计意识、重在表现创造力、想象力的一种素描表现形式。与前几类素描形式最大的不同在于，设计素描着重强调创意性的设计构思过程，并运用恰当的素描表现形式进行合理、有效的传达。

六、素描的构图

构图，从字面理解是指图的构造与组织。构图是二维空间中绘画及设计作品的重要画面因素，它反映了作画者或设计师对画面空间的分割及其与设计主题的融合能力。作画者要通过对各物体及与画面间的位置经营达到形式、内容两方面的契合。画面构图在很大程度上决定着绘画作品的成功与否；就设计效果图而言，优良的画面构图对于作品的呈现也起着至关重要的作用。

（一）构图的常见概念

1. 画面

指纸面上或其他媒介上的绘画空间，也是作画者的舞台。画面在一定程度上影响着构图的布局。

2. 正负（虚实）空间

正空间也叫实空间，或称为画面的"图"；对应的，负空间也叫虚空间，称为画面的"底"。正空间是指画面中所有的实体部分，负空间则是画面中实体部分以外的区域。在某些特殊的画面构造中正、负空间是可以反转的（图3-2）。正、负空间是一组相对的概念，如果正空间的布局不合理，那么负空间的美感也会受到影响，两者相互成就，即中国绘画艺术中所谓的"黑白相济""虚实相生"。

3. 视觉流程

受众在观赏作品时，视线会随着画面的元素编排在空间中沿一定的轨迹移动，而作画者在构图时就需要合理安排画面的视觉引导，使画面的主体明确，层次清晰。观众欣赏画面的时候通常是"从上到下""从左至右"通观全画，心理学认为上

图3-2　福田繁雄作品

方和左方易重视，然后视线停留在视觉中心点上。一般来讲，画面的中部略偏下的位置容易成为视觉中心点，画面中大的图形和画面中对比较强的部分容易成为视觉中心。

4. 黄金分割

黄金分割是一种具有美学意义的概念，与数学、欧几里德几何学及毕达哥拉斯定理有一定的渊源。黄金分割是指将整体一分为二，较大部分与整体部分的比值等于较小部分与较大部分的比值，其比值约为 0.618，被公认为是最具有美感的比例。

黄金分割具有严格的比例性、艺术性、和谐性，蕴藏着丰富的美学价值。在达·芬奇的作品《维特鲁威人》《蒙娜丽莎》，还有《最后的晚餐》中，都运用了黄金分割。女性腰身以下的长度平均只占身高的 0.58，古希腊的著名雕像——断臂维纳斯及太阳神阿波罗都通过故意延长双腿，使之与身高的比值为 0.618。建筑师们对数字 0.618 特别偏爱，无论是埃及的金字塔，希腊雅典的巴特农神庙，还是法国的巴黎圣母院，或者是近世纪的法国埃菲尔铁塔，都有黄金分割的足迹。

5. 九宫格构图

也叫"井"字构图，通过把整个画面的长和宽两边都平均分成三等份，画面被分割为九格，中央部分则形成 4 个交叉点。一般而言，主体物只要占据画面中的 3 个交叉点，画面构图就可以达到均衡的视觉效果。无论在我国传统的绘画练习还是现代绘画与摄影艺术中，九宫格构图都是比较常用的一种构图理解方式。

6. 取景框

与照相机的取景器功能类似。在画面构图安排时，作画者经常用双手的拇指和食指围合成方形的取景框，透过这个取景框观察对象之间的关系。通过这种方式可以去除其他多余的信息，将注意力集中在框内物体的关系安排上。

（二）常见的构图形式

1. 线性构图

可以分为横线、竖线、曲线和对角线等构图形式。横线构图给人宽阔、平稳的感受；竖线构图能展现物体的高度和深度；曲线构图则使画面比较柔和，给人以流动感、运动感；对角线构图富于动感，有一定的视觉冲击力。

2. 形态构图

可以分为正三角形、倒三角形、十字形、L 形等构图形式。正三角形构图给人以稳定感，但运用不当可能导致画面呆板；倒三角线构图在相对平衡的状态下更加轻松，但运用不当也可能造成画面"头重脚轻"；十字形构图更倾向于肃穆、庄重的平衡感；L 形构图虽然因为水平垂直构图线的运用也有平静感，但相较十字形构图还是更加轻松、自然。

（三）构图的基本形式法则

1. 主次

画面的布局应该有主次之别，不能同等对待，否则导致画面缺乏主体感。

2. 虚实

一个好的画面应该虚实处理得当，而不能在画面中填满物体，或者过于空洞。

3. 疏密

疏密是指画面中物体间布置的集中或分散的情况。一幅作品中，如果物体的布置过于松散或者集中，都会导致画面的失衡。中国画理中"疏可跑马，密不透风"就是指画面的疏密关系应该区别对待，才能形成趣味。

4. 对比

对比是指画面中元素之间的差异，如形态的大小、形状，色调的浓淡、明暗，肌理质感的差异，空间上的疏密与虚实等。如果缺乏对比，画面就会显得呆板无趣；但是对比因素过多，画面就会欠缺协调性。

5. 平衡

平衡是指画面中各元素之间在有合理对比因素的前提下，视觉上呈现出来的均衡和协调感。

6. 韵律

韵律是指视觉元素重复出现的顺序或节奏，能使画面产生节奏感和呼应感。

七、素描学习的思维方式

① 学习素描要建立整体观，只有通过整体观察才能达到对物象整体结构的准确把握；同时，要据整体关系需要进行归纳与取舍。

② 要建立空间意识和空间转换能力，素描需要把三维的物体表现在二维的画面上，存在从立体观察到平面表现的转换过程。因此，在画面中，需要在物体的周围建立立体的视觉空间，把空间感和结构形体结合起来。

③ 要多思考，观照内心。画画是借助绘画语言表现个人审美感受的过程，所以要体察内心的感受，在脑海中处理画面；要多思考，相对于"见山是山"的复制，主动的创作和处理更具有感染力和表现力，也更能够传达作者的艺术感受。

④ 要多临摹优秀作品，多读画。临摹的意义在于可以直接学习、体会大师的作品，从中感受其形体塑造和审美表现。作画之余，还应该多读大师作品，无论是对其创作精神的理解，还是对自己表现技巧、审美能力的提升都大有裨益。

八、素描学习的工具

素描可以采用铅笔、粉笔、炭笔、炭条、钢笔、毛笔等单色的笔进行表现，也可以采用单色的水粉、水彩颜料完成。甚至还可以根据作画需要，混合多种画材进行单色表现。

通常情况下，素描绘画采用最多的是素描纸。建议选用绵密、有一定韧性的纸张，纸张定量在 $150g/m^2$ 以上为宜；太单薄的素描纸容易板结，附着力差。但如果画面表现需要，也可以采用其他纸张，如水粉纸、水彩纸、新闻纸、卡纸等；纸张的硬度、厚薄和肌理不同，会给笔触表现带来不一样的影响，作画者可以根据技法和画面效果考虑纸张的选用。

第二节　透视

中国画与西洋画对于画面空间和体感的表现方式有很大的差异。中国画通过线条来表现物体的前后关系，画面的构图也采用散点透视的空间布局，更看重画面意象和精神的传达，给人以"意到笔不到"的想象空间。而西方绘画对于空间和体感的表达注重科学、真实的精准性，用焦点透视法来表现空间的立体感和深度感，在绘画中主要是在二维的画面上体现物体的三维空间，即长、宽、高，而这种立体感的产生就依赖于透视的原理与法则。

为了清晰准确地表现设计效果图中产品的比例关系，基本都采用焦点透视的原理进行表现。因此，在绘制鞋类效果图时，落笔之前就必须考虑清楚透视关系，准确的透视表现能够使平面的形态具有立体效果。

一、透视的基本概念

1. 视域
视域是指在人的位置固定的情况下，视线固定在某一组景物时所能看见的范围。人眼的可见范围是有限的，一般可达 170° 左右，而看得清晰的范围则在 60° 以内。

2. 视平线
视平线是指与作画者眼睛等高的水平线，与地平线平行。

3. 视点
视点是指作画者的所在位置，作画时需要准确观察物体，因此必须要固定位置，而不能来回移动。

4. 消失点

消失点也称灭点，指立体图形各条边的延伸线所产生的相交点。如当你沿着铁路线看两条铁轨，沿着公路线看两边排列整齐的树木时，两条平行的铁轨或两排树木连线交于很远很远的某一点，这个点在透视图中就叫作消失点。凡是平行的直线都消失于无穷远处的同一个点，消失于视平线上的点的直线都是水平直线。

二、透视的规律

1. 近大远小

同样大小的物体，离作画者近的看起来更大，而远的则看起来更小，包括物体形体的大小、面的大小、线的宽窄等。作画时可根据物体的远近和大小关系进行统筹考虑。视点距物体的距离越远，透视图变化越平缓；物体的垂直线在透视图中永远是垂直线，只有长短的透视变化。

2. 近实远虚

离作画者近的物体看起来更清晰，而远的则看起来相对模糊。在画面表现中，可以根据物体间的远近与主次关系加以艺术化地概括和表现。

三、透视类型

1. 一点透视

一点透视也叫平行透视（图 3-3），当物体平行于地平面，并且正立面和画面平行，或者说当物体的一个面与作画者平行时，即为平行透视角度。一点透视最多只能看到产品的三个面，因此适合表现一些功能均设置在正立面的产品。

2. 两点透视

当物体的一个面和画面呈一定角度时，即当物体的一个角对着作画者时，则形成了成角透视，也称两点透视（图 3-4），其与地平面不平行的同组线条将消失于视平线两侧。

3. 三点透视

顾名思义，三点透视有三个消失点（图 3-5）。与一点透视和两点透视不同，其高度线不完全垂直于画面，因而会形成俯视或仰视角度的透视变化，一般用于超高层建筑，如俯瞰图或仰视图。在鞋类设计

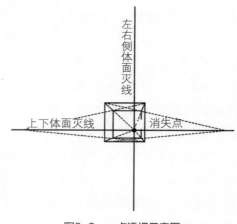

图3-3 一点透视示意图

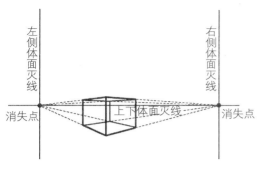

图3-4　两点透视示意图

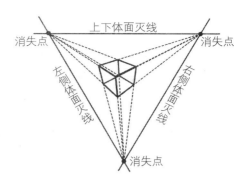

图3-5　三点透视示意图

效果图中很少使用。

4. 散点透视

散点透视是与西洋画中的焦点透视完全相反的一种透视类型。在传统的中国画中运用很广泛，其更主要的意义在于构图布局的形式，而非真正科学的透视原理。散点透视也叫"移动视点"，画家的观察点不是固定在一个地方，也不受视域的限制，而是根据画面需要，移动立足点进行观察，凡各个不同立足点上所看到的东西。都可组织进自己的画面上来。中国山水画能够表现"咫尺千里"的辽阔境界，正是运用这种独特透视法的成果。故而，只有采用中国绘画的"散点透视"原理，艺术家才可以创作出数十米、百米以上的长卷（图3-6），如果采用西洋画中的焦点透视法就无法达到这样的磅礴连绵的艺术效果。

图3-6　清明上河图明本　局部（明仇英）

四、形体的透视规律

在素描的观念体系中，所有物体都可以归纳为各类几何体的组合（图3-7）。在作画时，必须依靠对形体的观察、对比，结合透视规律来画出几何体，而不能依靠其他的辅助绘图工具。

1. 圆面

绘制一个正方形，正方形的中心点也是圆的中心点，圆周与正方形四边的中点相接。

图3-7　静物结构素描（徐梦婉　供稿）

如果作画者的观察位置产生了透视变化，在视觉上看起来正圆面变成了椭圆面，那么就应该依据近大远小的透视规律，将之表现为，离我们近的半圆面看起来更大，而离我们远的半圆面则相对小些。此外，椭圆面两侧的转角一定要符合透视规律，不能画得太尖，像橄榄球；当然太圆也不合理。

2. 球体

与圆面透视画法一样，球体也可以从正方体中得到，正方体的对角线的中心即是球体的球心。

3. 柱体和锥体

与球体的绘画道理相似，柱体和锥体也可以从立方体中得到，它们的透视变化是根据圆面的透视变化而变化的。

第三节　结构素描

一、概述

如前文所述，结构素描是以透视规律为基础，采用线条体现物体结构和形态的表现方法。结构素描大约出现在19世纪的欧洲，匈牙利画家霍罗石主张先画出物象的基本形态，用基本的几何形来分析形体的结构，通过空间想象画出看不见的形体。这样的方法可以使我们更充分地理解物体的空间结构与组合关系。20世纪60年代，结构素描的概念进入中国并产生了一定的影响。

二、结构的理解

结构素描以物体的比例尺度、透视规律、三维空间观念以及形体的内部结构剖析等因素为重点，是培养造型能力、空间想象能力和设计构想能力的优良手段。结构素描着力于快速而准确地把握物体的整体效果，强调运用形体结构的基本规律、透视基础知识对物体进行造型和结构的整体关系表现。

在结构素描训练中，要求我们把对象想象成透明的形体，通过不同层次的线把物体的主次、内外结构表达出来。所以，结构素描要求我们突破常规的视觉局限，透彻地理解物体自身结构及物体间的空间关系，并准确地将它们的造型结构与关系表现到画面上。

三、线条的表达

结构素描着重于对物象形体结构的理解，所以对线条的比例尺度要求尤其严格。即便是看不见的部分，也应该准确地表现出来。其实也正是因为这些看不见的形态的支撑，才能使物体呈现出饱满的形态感和体量感（图3-8）。

图3-8　女鞋素描表现（徐梦婉　供稿）

在物象结构表现的过程中，线条一定要准确，符合透视规律，还要注意不同结构的关系。物体的结构可以分为主要结构和次要结构以及外部结构和内部结构，与之对应的线条成为主结构线和次结构线以及外结构线和内结构线。对主要和外部的结构应该适当强调，而内在和次要的结构可以相对削弱，才能使画面呈现出良好的整体感。

同时，在结构素描的画面关系处理上，必须注意画面的整体关系，应该以整体性的思路理解物体间的关系，而不能孤立地表现一个个的物体。一定要注意物体间的主次关系，主体物体的用线可以较次要物体的同类别线条（即主次、内外结构线的区别）略重，离作画者近的物体可以较离得较远的物体线条更实在。

四、结构素描表现

结构素描对于训练学习者三维空间的想象能力，理解对象的结构有重要的意义。在产品设计中，结构素描可以充分地表达预想的产品结构（图3-9）。

结构素描的表现形式和细节要求应该紧扣各专业的培养目的，鞋类效果图要求用简练、准确的线条表达鞋的形体和结构，尤其在初学阶段要尽量避免过多使用明暗作辅助手段。

素描表现的步骤总体相似，都是从整体到局部再到整体的过程，对对象的观察和表现要做到先大后小，先长后短，先直后曲，先方后圆，先轻后重。

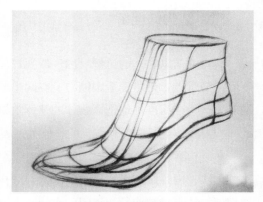

图3-9　鞋楦的结构素描表现（朱睿　供稿）

产品透视图中视平线高低应根据产品主要形态特征和主操作面的位置来确定。

第四节　光影素描

一、概念

光影素描，也称为明暗素描、调子素描、全因素素描。顾名思义，光影素描是表现物体所受的光线变化、通过明暗调子来体现物体的立体感、空间感、质感及画面黑白灰关系的素描表现形式（图3-10）。

图3-10　女鞋光影素描（朱睿　供稿）

二、影响物体明暗变化的因素

光影素描是以明暗来体现物体结构和体量的，对物体明暗的观察和把握可以从四个方面来考虑。

1. 物体的构造

要表现一个物体的明暗因素，如果在一个没有任何光线的漆黑房间里，我们是无法感知空间的。在光影空间里，明暗是光线照射在物体上的反映，物体本身的结构是明暗值的决定因素之一。

2. 光线对于形体的明暗关系也起着重要的作用

首先，不同光线的照射作用有差别，如太阳光、灯光、自然的室外光和室内光线都会产生不同的视觉效果；其次，光源的强弱和距离物体上所分析的特定"面"的远近，光线照射到物体上特定"面"的角度也会对物体的明暗值产生很大的影响。

3. 物体的固有色

固有色是指在白色光源下物体本身所呈现的色彩，在素描中表现为由观察对象的固有色所对应的明暗值。在明暗素描中物体的色彩因素要转换为黑、白、灰的层次关系来体现，色彩之间的明暗值各不相同，如黄色明度（明度即物体黑白、深浅）值高，而普蓝色明度值低。对物体明暗值的判断要通过眼睛来感受，还可以使用照相机的黑白模式拍照去帮助理解。

4．作画者观察物象的角度

在物体和光源的位置、强弱固定的情况下，因作画者的观察位置不同，物体的明暗调子也存在差异。根据作画者和光线之间的位置关系，可以概括为顺光、侧光和逆光三个不同的方向。

顺光是指光线的照射方向与作画者的观察方向一致。从顺光角度观察，因为光线充足，物体亮度会比较高，可以看到大面积的亮部，而对暗部的呈现则比较少。

侧光是指光线照射方向与作画者呈 90° 左右的夹角关系。侧光角度对于物体的体感表现比较有利，既能观察到物体的亮部，也能清楚地看到明暗交界线和暗部的变化。

逆光是指光线照射方向与作画者方向相反的情况。逆光角度观察到的物体比较暗，暗面的细节呈现会比较充分，但能观察到的亮部就比较少。

三、三大面和明暗五调子

在光影素描中，调子在物体上的变化是有规律可循的，根据光线在物体上形成的深浅关系可以把影调概括为三大面和明暗五调子。三大面和明暗五调子是物体受光线照射后所产生的特性，不管物体的结构复杂与否，也不会改变五调子的基本关系（图 3-11）。

图3-11 草鞋、轮胎、罐子及其他
光影素描（程林 供稿）

1. 三大面

三大面是指物体在光照情况下可分为三个大的明暗区域：亮面、暗面、灰面，这几个面也分别称为受光面、顺光面、背光面。亮面是指受光线照射较充分的面；灰面指物体的侧面受一部分光，介于亮面与暗面之间的部分，显出半明半暗的灰色；暗面则指背光面。典型的例子如画正方体的时候，它有着很明确的三大面关系，引申到其他的复杂物体，都应把它们总结成三大面的关系来表达。

2. 明暗五调子

调子是指画面不同明度的黑白层次。是物体表面反映的受光量，也就是面的深浅程度。五调子是指具有一定形体结构、一定材质的物体受光的影响后在自身各区域体现出来的明暗变化规律，在素描中概括为五种调子。明暗五调子具体是指亮面、灰调子、明暗交界线、反光和投影，其中，亮面和灰调子（中间调）属于受光区域，明暗交界线和反光、投影属于背光区域。五调子必须在三大面都能够确立的情况下才能成立。

一般来说，物体受到光线直射的部分就是亮面；中间调则是物体受到光线侧射的区域；明暗交界线不是指具体的哪一条线，它的形状、明暗、虚实都会随物体结构转折发生变化，一般位于物体大的结构转折处，是非常重要的部分，当然在一些复杂的物体上明暗交界线也可能由很多面构成。因为物体的转折会影响光线的照射区域，转折部分往往也就成为物体亮部、灰面与暗部之间的分界线，同时也成为物体中最暗的区域。所以明暗交界线是画面中最暗的区域，也是我们应该抓住用以重点表现物体形态和体积感的部分。从主次和虚实关系上讲，明暗交界线应该是物体上重点表现的部分之一，应该画得实一点。

反光是指物体的背光部分受其他物体或物体所处环境的反射光影响的部分，在画面的表现中，处理得当的反光部位可以使物体具有更好的通透感和体积感，也使物体暗部的表现更生动。但要注意的是，因为反光是来自于环境给物体暗部区域的光线，该区域虽然是暗部中最亮的部分，但仍然位于暗部区域，反光的调子切不可过亮，不能超过灰调子，否则会导致物体暗部的亮调子部分过于突出，不符合明暗规律，会造成画面出现"花"的问题。

投影指物体本身遮挡光线后在空间中产生的暗影，投影形成的深色调可以完善物体在空间中的真实存在感，如果一个物体没有投影，就像是飘在水上似的，在画面里会显得"浮"，但在表现投影时，一定要观照物体的形态和光源的特点，胡乱描绘的投影往往显得滑稽可笑。

3. 阴影

阴影是指因光源的照射角度而产生的暗调部分，它的形状变化很丰富，在画的时候一定要梳理清楚来龙去脉。阴影虽然不是对物体本身的刻画，但在画面中也有着非常重要的作用，阴影可以使物体更具有真实感和重量感，还可以突出主体物的形象，可以在一定程度上根据物体的需求适当调整阴影的浓淡，使之起到衬托物体的作用；阴影还可以作为背景来统筹画面的调性，传达光线照射的效果、物体与物体之间的关系、画面的氛围等。

但阴影的表现也要符合透视规律，不可过分主观，信手胡来；同时，阴影的表现还需和画面的整体效果相协调，不能孤立对待，更不能喧宾夺主、本末倒置。

4. 倒影

倒影是指物体放置或投射在反光性较强的物体上时产生的镜像关系的影像。处理倒影一方面要注意理解物体本身的形态，另一方面还需梳理光线折射到反光面上的形变；此外，还要注意倒影与物体之间的虚实关系和主次关系的处理，不重要的部位尽可能予以虚化，这样有利于整体效果的把握。除非是刻意的构思安排或者镜面类的材质，否则不可使倒影具备过高的清晰度和体量感，以免抢了物体本身的角色关系。

倒影的描绘对于表现反光材质有一定的借鉴意义，如镜面革等。

5．光影素描的写实性与艺术性

明暗素描往往给人以强烈的真实感，但并非越真实越好，对写实程度的衡量并没有明确标准，关键在于作画者对造型的理解和画面的处理能力。因此，我们不主张追求片面的真实，例如一些在街头用炭精给人画肖像的艺人，只考虑对象的表面形态和色调变化，但是对头部的骨骼结构表现很不到位。当然，在能够把握物象形态、结构的前提下，以超写实的技法表现物体也是合理的。

四、光影素描中关于线条的理解与实践

调子是指光线照射在物体上所形成的明暗变化，有助于理解和表现物体的体面关系。调子不仅可以使平面的空间具有立体感，还可以表现出物体的材质感和肌理感。

1．调子的处理

画调子的目的是为了表现物体的体面关系，应该用明确的线条排列来表现光影，而不能流于形式地追求物体表面的深浅变化，千万不要用笔在画面上来回涂抹。缺乏对物体结构的认识，不清晰、没有力度的线条，画出来的明暗只是浮光掠影。

在光影素描表现中，物体表面的调子一定要在理解物体构造的前提下去画，调子的排线方向也应该以跟随物体结构的方向为主；当然如果完全按照结构的方向排线，也容易使线条的方向过于一致，反而会因为线条方向的引导带走观者的视线，产生不稳定的感受，同时也使线条的表现看起来过于单调呆板，所以还需穿插一些其他方向的线条。

2．排线运用

在光影素描的训练中，应该结合光线和物体之间的关系，强调通过线条组合的方式对物体的立体感和画面空间感进行表现。

五、光影素描表现范例

（一）鞋楦

1．绘制的准备

鞋楦是鞋的母体，对鞋楦的认识和摹写有利于掌握其造型结构特征，可通过临摹、写生、默画等方法逐步熟悉鞋楦的绘制。通常采用铅笔、素描纸等画具完成作品。

2. 作画步骤

鞋楦是由多个曲面构成的不规则曲面体，绘制难度较大，其光影素描步骤如图3-12所示。

① 确定鞋楦在画面中的布局，用松动、简略的线条勾勒轮廓和结构关系，确定主要部分的比例。

② 根据鞋楦的受光铺设基本的调子，确定鞋楦的主要明暗关系。

③ 在确立明暗关系的基础上，进一步表现影调的层次与光影关系。

④ 继续深入刻画，完善细节，逐步表现出鞋楦的质感和光感。

⑤ 根据画面情况进行调整，收拾画面，定稿。

 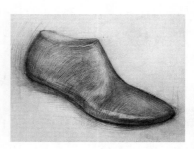

（a）起稿　　　　　　　　　（b）铺设调子　　　　　　　　（c）光影深入表现

（d）深入刻画　　　　　　　（e）整体调整，完成画面

图3-12　鞋楦的光影素描（郑吟洲　供稿）

3. 需要注意的问题

在绘制鞋楦时，要注意把握其造型特征，由于鞋楦各曲面体都是不规则的，因此在结构把握上有一定的难度；此外，由于鞋楦的表面色彩完全一致，且以土黄色居多，材质反光感差，受光效果不甚明显，初学者在表现调子关系时很容易区分不出明暗关系，导致整个画面偏深灰，层次关系不明朗，因此在表现鞋楦光影时要合理拉开明暗关系，体现其立体感。

（二）鞋

1. 绘制的准备

鞋的素描表现训练对于掌握不同鞋款的结构、材质和造型特征大有裨益；同时对于设计师造型能力的提升也有很好的作用。一般可以采用铅笔、炭笔及其他单色笔绘制、选用素描纸或其他有一定柔韧性的纸张完成，如果需要利用纸张的肌理表现产品的材质，则可以选用符合要求的特殊纸张完成。

2. 步骤

以女士短靴为例，如图3-13所示。

① 构图、起稿，确定鞋款的基本比例与造型关系。

② 铺设主要的明暗调子关系。

③ 深入表现鞋款的调子关系。

④ 刻画鞋材质感，进一步深入表现各部分的明暗与层次关系、完善图案，刻画细节，收拾画面。

（a）起稿

（b）铺设基本调子

（c）深入刻画

（d）表现图案，刻画细节，
整体调整画面关系

图3-13　女士短靴光影素描（徐梦婉　供稿）

（三）脚体

相较鞋楦，脚体的绘制更为复杂。脚体的光影素描表现需要注意皮肤的质感、骨骼的结构、肌肉的形态变化等因素（图3-14）。初学者需要把握脚体的整体造型特点和光影关系，不要过分受局部因素的影响而失去对整体效果的把握。

可以把脚作为几何体来理解。从侧面观察，人脚基本为楔形，脚底有明显的曲面变化，脚背部为斜坡形，脚后跟为椭圆形。

图3-14 石膏脚体的光影素描表现
（杨蕴睿 供稿）

六、素描表现的常见误区

① 形不准：指物体的轮廓、框架结构等的比例、透视不准确。

② 肿、圆：指物体比例失调、存在不准确的夸张。

③ 板：指对形体和光源抠得很生硬，表现得很拘谨，包括明暗差别太小、画面暗沉，用线无主次差别，造型不生动等。

④ 死：是"板"的一种极端，指画面中存在大块的平板调子，需要体现黑、白、灰的层次变化。

⑤ 灰：画面缺乏亮面和暗面的因素，灰面因素过多，造成画面晦暗，不明快。

⑥ 沉闷：画面层次比较单调，缺乏由亮到灰的层次变化。

⑦ 碎：画面的表达不分主次，细节表现过多，太多细微的对比关系冲淡了画面的主要对比关系，主体形象不能一目了然，画面的表现与刻画过于繁琐、斑驳，虚实感差，欠缺概括能力。

⑧ 空：画面只有基本的大效果，缺乏细节表现和刻画，应注意深入地表现物体的变化。

第五节　线面结合的素描表现

线面结合素描是介于明暗和线条表现之间的一种画法，将明暗色调的体感表现优势和线条流畅、灵动的表现力相结合，以线条表现为主，并辅以明暗调子的因素来表现物体的立体感和质感。

在线面结合的素描绘画过程中需要注意两个方面的问题：首先，要利用好线条的表现力，可以通过线条的强弱、虚实、轻重、缓急等层次变化来表现画面中的主次、前后关系，在此基础上，通过明暗调子的变化，进一步强调画面的主次、强弱、对比、变化等因素；其次，明暗素描由于光影的分布和深入的调子表现往往会影响物体各类结构线的关系表达，而单纯的线描对物体材质感和体积感的表现也有所不及。因此，线面结合素描结合两者优势，兼收并蓄。在绘画过程中，可以在物体结构比较复杂的部分以线条表现为主；在物体的大块面及一些结构线较少的部分则采用明暗调子的表现为主。线条和明暗调子关系处理得当的线面结合素描能给人以轻快而丰富的视觉感。

一、鞋楦的线面结合素描表现范例

线面结合素描是糅合了线描和素描影调关系两种因素的素描表现形式，作画者可以利用线条强调物体的结构关系，再通过一定程度的光影调子体现物体的明暗与立体感。作画步骤如图3-15所示。

① 观察和构图。

② 打轮廓，确定基本的造型关系，在结构素描基础上利用影调进一步表现鞋楦立体感。

③ 画面的调整与整理。

二、鞋的线面结合素描表现范例

相较于纯粹的线条素描和明暗调子素描，线面结合素描的绘画表现方式可以传达更多的设计信息。在鞋类设计效果图的表现中，线面结合素描既能充分利用线条概括鞋的结构与造型，也能通过明暗调子体现鞋款的影调变化和各类鞋材的质感特点，这种结合性的表现方式是设计师乐于采用的效果图表达方式（图3-16）。

（a）构图

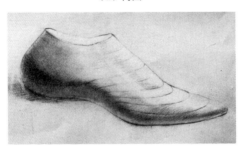

（b）光影表现

（c）整体调整画面

图3-15　鞋楦的线面结合素描表现
（徐梦婉　供稿）

图3-16　鞋的线面结合素描表现（王翔蕾　供稿）

第六节　设计素描

一、设计素描的源起

结构素描、光影素描以及两者相结合的线面结合素描都是写实性的，是以客观反映物象形态与结构特点为基础的素描表现方式。基础素描作为艺术和设计专业的核心基础课程，对培养敏锐的观察与感受能力、记忆与分析能力、理解与转换能力、造型与技法表达等方面的能力起到了非常重要的作用。

设计素描是在具备素描表现能力的基础上，以锻炼创新思维能力为目的，通过平面意象、空间构筑、有机造物、解构重组、形象联想等方式完成的创意性素描。

英国著名学者贡布里希在《通过艺术的视觉发现》一文中写道："古代世界显然是把艺术的进步主要是看成技术的进步，也就是模仿技术的获得，这种模仿被他们认为是艺术的基础。连文艺复兴的大师们也是这么认为的。"然而到了19世纪，在传统的写实性绘画艺术之外，艺术家们逐渐发展出了立体派、超现实主义、构成主义、风格派等抽象形式的绘画艺术风格，打破了之前的绘画艺术标准，对现代设计艺术产生了深远的影响，也促进了设计素描的发展。19世纪末，随着工业革命的兴起，适合于工业化大生产的产品设计受到空前的关注，大量的产品也需要有力的推广手段销售到更为广阔的市场，以往被称为"工艺"的设计工作越发受到重视。尤其是1919年在德国建筑师格罗佩斯的带领下，建立了包豪斯学校，打破了以往纯艺术领域与工艺技师的职级观念、提出艺术家加上工艺技师就是设计师，强调艺术与技术的统一。当时的包豪斯学校汇聚了一大批志同道合的艺术家，他们致力于启发学生的创意思维，锻炼学生的动手能力，并把动脑与动手结合起来，强调心、手、眼的高度配合。包豪斯所建立的设计教学体系对全球的设计教育起到了无可替代、不可磨灭的作用，持续了一个多世纪。

改革开放以来，随着我国经济的发展和思想意识的解放，尤其是从20世纪90年代末期开始，经过对发达国家的学习、对自身的反思，逐步建立起来设计素描的教学体系。

二、设计素描的内涵和要求

现代设计教育的目标不只是重现，更需要的是创新、创造。因此，艺术设计专业必须在传统绘画的基础上构建符合专业培养目标、能与专业设计教学相衔接的基础课程，这也是设计素描的使命。设计的英文为 Design，设计素描也可以理解为以素描的形式表现的设计作品。也确实如此，在艺术设计领域，设计师们在最初的设计构想阶段通常都采用素描的形式以快速、直观地表现设计创意。

作为设计专业的基础课程，设计素描对于学生培养创新思维能力有重要的作用。同时，在各类艺术设计专业的侧重点还有一定的差异，例如，在视觉传达设计专业，设计素描更加注重研究图形和平面的视觉效果；在环境艺术专业，则更注重对空间想象能力的培养；而在鞋类设计专业，一方面需要在设计素描中培养审美能力和创新思维能力，同时也很重视对物体结构和三维空间的构造。

三、设计素描与绘画素描的异同

绘画素描和设计素描都有着培养学生造型能力的作用，但是，也存在着明显的差别。

① 绘画素描主要以写实性的方式描绘对象，重视对物象的再现；而设计素描则不以客观表现物象为任务，而着重在客体表现的基础上进行再造、创新。

② 在作品的元素表达上，绘画素描强调真实性，以表现所见的物象为任务；而设计素描则重视创新性，强调对元素的创新、整合，任何符合创意需要的具象、抽象的形态都可以纳入到画面的创意中。

③ 绘画素描在描绘对象的选择与训练的程序上都比较程式化，画面效果也追求完整性。而设计素描则以设计目的为导向，更看重画面的创意效果，所以不论是快速表现还是局部表现，只要能体现设计效果就是好的作品。

④ 绘画素描的画面构图形式和审美表达主要以传统的构图研究范畴为主，而设计素描更重视画面的设计感和视觉冲击力。

⑤ 绘画素描的画材运用主要是铅笔、炭笔、炭条；而设计素描在画材、纸张的选择上更加自由，重视追求画面创意性的视觉效果。

四、设计素描的分类

设计素描根据画面描绘的时间分为快速表现和慢写两种表现方式。

1. 快速表现技法

快速表现技法以较短的时间表现出主要的轮廓结构和设计要点。快速表现技法是捕捉、收集灵感，记录设计资料与信息，勾画设计草图，呈现设计构思的最佳表现形式。快速表现技法一般采用单纯的线条或线面结合的方式快速完成（图3-17）。

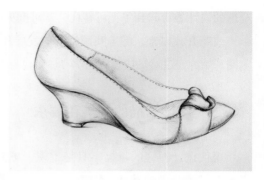

图3-17　素描快速表现

2. 慢写

绘制时间较长、细节刻画清楚的称之为慢写，用于作品的最终完成稿，需要结合透视规律准确地表现结构关系，一般采用明暗素描的形式，精准、细腻地刻画影调和设计细节（图3-18）。

五、设计素描的创意原则

1. 原创性

原创性是指创意作品中所体现的前人未表现过的创造性因素。创意是设计的内核，是涉及精神的具体体现。一个缺乏创意性的作品无法留住观者的视线。当然原创和首创是有区别的，例如一些艺术巨匠，设计大师以首创性的作品创立一个流派，一种设计风格，具有划时代的意义，这是艺术家、设计师孜孜以求的目标。但并非每一个设计师或

图3-18　设计素描作品（郑吟洲　供稿）

每一件设计作品都要求首创性，具备创意性的因素，符合受众期待和市场需求，能够引导设计潮流和趋势的都是好作品。

2. 审美性

审美性是指作品的观赏性。作品的审美性可以从内容和形式两方面考虑。

设计作品与纯艺术作品不同，必须从受众的角度换位思考，所以作品的内容也需要关照受众的需求，找到共鸣点，同时赋予作品文化内涵。

作品的审美性可以通过形式美的法则，突出作品的视觉美感和画面的视觉冲击力来获取。当然，这其间就要考虑画面的形式美感、构图关系、图形的设计、对比与统一等因素。

在形式与内容之外，还应该注意画面氛围的营造以及设计趣味与风格的体现。

六、设计素描的创意与构思

设计素描从客观再现的素描绘画中脱离出来，更重视对创意和想象力的表达。创意思维和方法的培养也是有规律可循的，总结起来，有以下几个方面：

（一）对形态的处理

1. 对形态的归纳和概括

客观世界的形态拥有自然赋予的美感，但同时有丰富的细节变化。如果需要突出形态的特征，把其中最具有精神气质的部分突出，那就有必要削弱其他细节，并且加入画作者主观的设计创想，进行整体性的考虑。同时，这种方法对于设计师主观创造的形态而言同样适用，简洁、单纯的造型元素有更强的视觉冲击力，也更利于凸显图形的设计亮点。

2. 形态的夸张

夸张是一种打破原有秩序的方式，为了突出形态的主要特点，可以把物象最具有识别度的部分进行艺术性的夸张，但夸张要遵循物象的内在特点，无目的的夸张没有意义，同时还需考虑夸张后的物象协调性与视觉美感。

3. 形态的加减法

形态的加法是指在原有形态的基础上再添加元素，是一种常见的形态变化方法，一般是在经过夸张或概括的形态上添加一些与之相协调或是相对比的元素，以体现画面的创意性或审美性。添加的形态可以是具象的，也可以是抽象的。但要注意添加的元素一定要能与原有的元素相关联，而不是毫无缘由的添加。

形态的减法是指对自然的形态进行删繁就简，按照设计需要进行变化，使形象更加突出本质特征或形式美感，例如毕加索的作品《牛的变形》即是把客观、具象的牛的自然形态一步步简化为意象表现性的几根线条，但是仍然能够把牛的意象特征体现的妙趣横生（图3-19）。

4. 形态的解构与组合

"解构"概念源于海德格尔《存在与时间》中的"deconstruction"一词，原意为分解、消解、拆解、揭示等，"解构"一词由钱钟书先生翻译而来。组合是指将自然

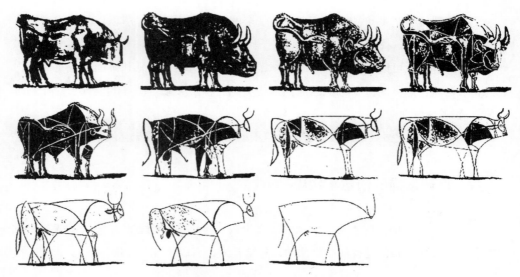

图3-19　牛的变形（毕加索　西班牙）

物象进行简化设计的基础上，将两个或多个形态按照创意需要进行结合，可以是不同物体之间经过设计变化的组合，也可以是经过解构的物体进行打散重组，以得到具有新意味的形态。所以解构和组合是一对相关概念。以毕加索为代表的立体画派擅长破坏自然形态结构，将之解体为若干非具象的形态，再根据形态特征和视觉经验进行结合，采用多视点透视进行表现，形成非常具有视觉张力的造型。

需要注意的是，在解构和组合的过程中，一定要寻求物象之间的内在联系性和外在形式美感。

5. 肌理与质感

肌理是指物象表面的纹理和质地。人们认识事物都有一个由表及里的过程。我们认识一个物象通常会从它的形态、质感开始，在人对事物的认识经验中，肌理、质感是非常重要且带有感情色彩的，不同质感的表面会给人不同的视觉和心理感受，进而引起情绪的变化。因此，在视觉艺术领域，艺术家和设计师非常重视对肌理的运用。一般来讲，在设计中，对某种肌理进行简化、扩缩，或是体现质地的错位、替换，以及采用一些自由的肌理制造方法，如拓印、压印、拼贴等方式对形态进行新的塑造，会带给观者全新的视觉感受和画面冲击力。

6. 抽象形态

抽象形态特指无法明确指认的形象和形态，虽然可以引起人的某种视觉及心理感受、联想，但在生活经验中却找不到明确的形态。点、线、面是最基础的抽象形态，各种规则的几何形态及自由创造的不规则、非具象的形态都属于抽象形态的范畴。

抽象的表现形式可以分为冷抽象和热抽象。冷抽象表现主要是由较为规律的点、线、面及几何形态按照理性化的形式法则有秩序地进行图形的构成，使画面具备数理美学的关系，从而形成较为冷静、理性的抽象形式。冷抽象表现的代表人物是蒙德里

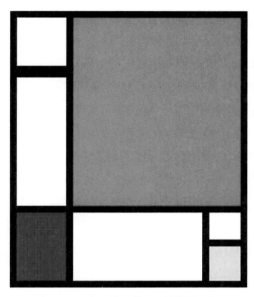

图3-20 红、蓝、黄、黑的构图三号
（蒙德里安 荷兰）

图3-21 伊夫·圣罗兰设计的蒙德里安裙

安，他的作品以运用几何化的点、线、面及色彩搭配探索形态、色彩之间的配比关系和内在美感而闻名于世（图3-20），对后世的影响极为深远（图3-21）。他认为"要用造型方法创造出纯粹的现实，就必须将自然的形态简化为固定不变的基本形"。他抛开所有具象形态的干扰，充分利用简练的抽象形态和色彩的造型本质，使作品呈现出高度理性的抽象效应。

相对比冷抽象，热抽象则主要是以非规则的方式运用非规则的点、线、面及几何形态进行自由的组合和表现，使画面呈现出极具张力的节奏感和韵律感，给人更加丰富、自由的情感体验和画面意象。康定斯基和米罗两位艺术家是热抽象的代表人物，他们都善于利用点、线、面的自由形态来表达心灵感受，并赋予形态更丰富的内涵，达成主观感受与客观抽象之间的融合。

（二）画面空间的设计

1. 构图

构图即指画面关系的构造与组织。无论是任何画材、任何表现形式的作品，都同样会涉及构图的问题，即如何在一定的画面空间中构造形态之间及形态与画面之间的关系。因在第三章第一节已经讲解了相关知识，此处不再赘述。

2. 形式美法则

形式美的构成因素一般分为两大部分：一部分是构成形式美的感性质料，主要有色彩、形态、线条、材料、声音等因素；另一部分是构成形式美的感性质料之间的组合规律，或称构成规律、形式美法则，主要有对称均衡、单纯统一、调和对比、比例、节奏韵律和多样统一等。

形式美法则是人类在创造美的活动中不断地熟悉各种感性质料因素的特性、掌握相互间的关系，并对美的形式、规律进行的经验总结和抽象概括。形式美法则可以引导人们认识、学习和创造美，进而达到美的形式与美的内容之间的高度统一。

（1）和谐　和谐的广义解释是指两种或多种要素，或在部分与部分的相互关系中，元素之间或各部分之间给人们的感受是否形成了整体协调的关系。在绘画与艺术设计中，主要是指画面中元素内部或各元素之间不会过分整齐划一，乏味单调；也不存在对比因素过多，显得杂乱无章的状况。单一的某种形态或色彩无所谓和谐，一定是几种具有某种共通性或关联性的要素才可能形成和谐感。当然，一组关系和谐的元素中，也必须保持一定的个性化因素，否则，会显得过分统一，缺乏变化。如果个性化因素过于突出，则画面效果就会向对比的格局转化，而和谐因素就会被削弱，具体还需根据画面需要而定。

（2）对比与统一　对比是指两个或两个以上具有不同造型因素的形态产生的差异性。对比可以产生变化之感，突出主题，活跃视觉效果，具体可以通过色彩、形状、肌理、方向、数量、位置、虚实、动静等多方面的对立因素实现。

统一是指通过对画面关系的整体统筹和对比因素的调节与把控，形成视觉上的协调性和秩序感。与对比相反，统一是通过对色彩、形状、肌理、方向、数量、位置、虚实、动静等因素的同一性来完成。

对比与统一体现了矛盾统一的哲学观。对比因素不足，统一因素过多，画面会显得呆板、单调、了无生趣；统一因素不足，对比因素过多，画面会显得杂乱无章，没有重点。对比与统一是形式美法则中最核心、经典的概括，对各类艺术样式的形式美都起到了至关重要的指导作用。

（3）对称与均衡　自然界中有很多对称形式的事物，如太阳、人体、叶片等。对称的形式给人以自然、完整、典雅、庄重之感。对称可分为轴对称和点对称两种，以某一条线为对称轴将图形划分为相等的两部分即为轴对称；以某一点为中心通过旋转得到相同的图形，即称为点对称。当然，完全对称的形态也容易给人单调、呆板的感觉，所以在整体对称的前提下，运用一些非对称因素可以使画面更加生动，具有变化感。

在非对称的画面关系中，根据形态的大小、轻重、软硬、色彩等要素进行合理的配置以取得视觉上的平衡感即为均衡。绘画与艺术设计中通常以视觉中心点为支点，使各构成要素以此支点为参照保持视觉意义上的力度平衡。

（4）比例　比例是部分与部分或部分与全体之间的数量关系，是一个比率概念。早在古希腊，毕达哥拉斯就发现了黄金分割比例。人们在生产、生活中一直运用着各种比例关系，并以人体为中心，总结出各种尺度标准，并运用于工具生产，也即人机工程学。在视觉设计中，恰当的比例关系给人以和谐、优美的感受。

（5）视觉重心　在平面空间的构图中，视觉重心和画面的安定感有直接的关系。根据视觉流程原理，人的视线接触画面的顺序通常是由左到右，由上到下，然后停留在画面最吸引视线的中心视圈，这个中心视圈就是视觉重心，也称为视觉中心点。

视觉重心是画面的焦点，因此画面的主题和重要内容应该以此为中心展开；视觉安定感除了与视觉重心有关，还与画面的轮廓、形态、聚散、色彩或明暗分布等都有重要的关系。

（6）节奏与韵律　节奏原本是指音乐中音响节拍轻重缓急的变化和重复，在画面构成中是指同一视觉要素以连续或重复的方式出现所产生的动感。

韵律原本是指音乐（诗歌）的声韵和节奏。诗歌中音的高低、轻重、长短的组合，匀称的间歇或停顿，相同音色的反复及句末、行末利用同韵同调的音以加强诗歌的音乐性和节奏感，就是韵律的运用。画面空间中单纯元素孤立出现显得单调，而以数列关系排列的形态和色彩可以相互呼应，从而形成乐感和旋律感，这就是视觉艺术空间中的韵律。有韵律的画面可以构成生动、和谐的律动感。

（7）联想与意境　是指画面空间中因视觉元素的传达而产生联想，并达到某种意境。联想是思维的延伸，可以从一种事物延伸到另外的事物。例如，不同画材绘制的线条、不同色彩的运用等都会使观者产生不同的联想，形成不同的意境，图形表征意义作为视觉语义的表达方法被广泛运用于各类设计领域。

以上是几种重要的形式美法则，我们在运用这些法则时，首先要领会不同形式美法则的功能和审美意义；其次要根据设计主题，明确设计空间中需要什么样的视觉效果。随着科技发展，设计载体、媒介的变化，甚至审美趋势的变化，形式美法则也在不断发展和丰富，更加具有创造性和时代性。

3. 特殊图形形式

特殊的图形形式超越自然实际的空间构成关系，对于培养学习者的想象能力，使设计作品超越自然的空间关系，延伸人类想象的翅膀有重要的作用。

（1）图底反转　在前文中已经提到过虚实和图底的概念和关系，在特殊的图底关系中，两者可以互换，呈现出不分前后的镶嵌式关系，互为背景和主体。图底反转的画面不仅信息量大，而且在画面互为前后的关系中，人的视觉无法安定，从而形成一种恒久的动感（图3-22）。

（2）矛盾空间　矛盾空间是指设计师在画面中利用不合理的线面连接等方法造就出的反透视、反科学的立体幻觉空间，利用这些反逻辑的多空间、多重力或无重力的非正常图形来体现反逻辑的趣味和真理。矛盾空间可以实现三维世界中无法完成的形态，体现出二维空间超自然的魔力，往往有极大的震撼感（图3-23）。

（3）多视点空间组构　传统的西洋画采用科学的透视法则，现代的绘画与艺术设计空间则更加自由，不以写实为目的，而是以画面效果为导向，把各种具有空间感的物体自由地组合到画面中，没有固定的视平线和消失点，摆脱常规的透视局限，以反透视的

图3-22　鲁宾杯（埃德加·鲁宾　丹麦）

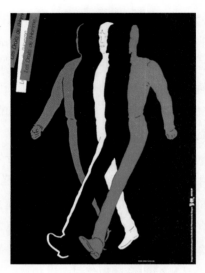

图3-23　矛盾空间因素作品
（福田繁雄　日本）

关系呈现在画面中。这种多视点、多方位的不合理空间可以自由、全面地呈现画面信息，幻觉性的空间关系反而形成更加强烈的视觉张力，形成超自然的异质空间，传递异样的画面意境。

（4）时空混淆与多维意念　在现实世界中，物体的时空是固定的；但在画面空间中，则可以根据设计意图把不同时空的元素任意组合，造成时间、空间上的混淆。这种画面往往会形成强烈的对比感、戏剧感、怪诞感。不同时空的物象和事件因内在的联系性被作者放置在同一个空间中，这种多维意念的创造与组合可以产生一种非真实的逻辑感和内在的空间联系，从而激起观众利用经验与记忆来解读和寻找画面的内在涵义，使艺术家的心灵世界借由作品得以延伸。

特殊的图形形式看似不真实，但却超越客观形象反映了另一种真实；同时，是以上所述空间构成形式对于锻炼创造性思维和设计能力有着非凡的意义。

七、设计素描的表现技法

设计素描可以采用多种技法、材料和工具进行画面表现。在鞋类色彩效果图中，也经常会用到各类技法和表现手段。总体来讲，设计素描的表现技法可以分为以下几类。

（一）手绘表现

1. 点的创意表现技法

通常情况下，素描采用线条的形式完成画面，如白描、结构素描、光影素描对线的运用。但我们从平面构成知识中可知，点可以构成线，也可以构成面。所以在画面中可以通过点的大小、疏密、聚散的排列组合构成来形成虚线和虚面，从而完成对象的形态呈现。

点彩派是运用点画法的代表艺术流派，也称为新印象派，他们不用轮廓线划分形象，而是通过科学的光色规律并置点状的小笔触，让无数的小色点在观者视觉中混合，从而构成画面形象。乔治·修拉是点彩派的代表人物，他潜心研究关于色彩学的著作，试图把感觉加以综合并上升到理性分析，变成科学的表现形式，其代表作为《大碗岛的星期日下午》（1884—1885年），在这幅画中，红与绿、黄与紫、蓝与橙的对比成为基本色调，并运用科学的方法处理人物之间的空间距离，稳定的结构关系给人以古典艺术的印象（图3-24）。

图3-24　大碗岛的星期日下午（乔治·修拉　法）

2. 线的创意表现技法

线是视觉艺术中最基本的语言，具有丰富的表现力，康定斯基在《点线面》一书中提到："线条比色彩更具审美性质"。线条是最富于表情的，不同形态的线条（如细直线、粗直线、徒手曲线、折线等），不同画材表现的线条（如蜡笔、马克笔、铅笔、炭笔），不同介质绘制的线条（如棉棒、弹力线、手指等），给人的感受千差万别。根据作品创意需要，可以采用各类线条对画面进行表现，不仅可以体现出丰富的艺术性和审美趣味，还能形成不同的画面意象。

3. 面的创意表现技法

面相对于点、线，其面积更大，形态也更复杂。不同形态的面给人不一样的感受，如单纯明快的几何形，复杂多变的不规则形态等。在设计素描中，我们可以利用面的并列、重叠、联合、分离等方法进行形态的组合，建构各种造型，并利用他们的表意功能进行设计创意。

4．黑、白、灰创意表现

在光影素描中，我们运用黑、白、灰的不同层次来表现光影在物象与环境中的变化。在设计素描中，还可以不囿于影调的表现，把黑、白、灰作为纯粹的造型语言，更加自由地进行运用，突出画面重点，强调设计特征，增强作品的表现力。

（二）综合材质与肌理表现

肌理是指物体表面的纹理。"肌"是指肌肤，"理"是指纹理、质地。物体表面有不同的属性，例如干和湿、软和硬、光滑和粗糙等。通常表面光滑的肌理反光性较强，给人以轻快、活泼之感；粗糙的肌理不易反光，给人以厚重、敦实之感。即使是同一种色彩，因不同肌理呈现出来的色泽不同，带给人的视觉效果和心理感受也不尽相同。因此，在设计素描中，可以通过各种画材、工具制造肌理效果，并利用不同肌理之间的对比使画面效果更强烈、更有趣（图3-25）。

图3-25　运用肌理表现完成的作品（李林倚　供稿）

在现代设计领域中，除了用笔，还可以发掘任何可利用的媒介、工具，充分发挥其特性，综合运用这些材料介质和工具完成作品的创造与表现。

1．渲染法

渲染法是中国传统绘画的常用手法，作画前先把纸张打湿，再用水墨作画，纸张上即会出现晕色效果。在现代设计中，可以根据需要使用喷壶或软笔蘸水打湿纸张，采用吸水程度不同的纸张；不同种类的颜料，如水墨、水粉、水彩等都会产生不同的渲染效果。

2. 墨流染

墨流染也叫墨印法，在装满水的容器中滴入一种或几种水墨或颜料，再略加搅动，让颜料轻轻散开，这时候用吸水性强的纸张盖在水面上，最好用宣纸、新闻纸等，旋即快速拿起晾干，即可得到一幅变化丰富的流动图案。要注意的是，在搅动水和墨时切记力度不可太大，否则水和墨完全融合就无法印出墨纹了；此外，也可以有意识地利用工具如笔杆等，引导墨纹的走向、形态变化和色彩配置效果。

3. 吹彩法

使用毛笔在纸上多放一定量的水性颜料，在颜料未干时用嘴或者吸管把它吹开，沿着吹气的方向，颜料会如丝线般散开，形成若干粗细不均的线条。

4. 滴彩法

一手拿一支大号的毛笔，饱蘸颜料，然后使用一个较重的东西敲动笔杆，这时被抖落下的颜料会四处飞溅，形成具有力度感和动感的图形。

5. 滴流法

使用一张吸水性较弱的纸张，在上面滴上较多的颜料，只要将纸张稍稍倾斜，颜料便会顺着倾斜的方向流淌开来，形成生动的偶然图案。

6. 喷刷法

喷色法是用牙刷或擦刷等工具蘸上颜料在类似梳子或金属丝网等材质上反复刷色，颜料会透过牙刷或丝网的孔缝，以雾状喷撒到画面上，形成一种具有透明感的色彩，呈现出幻化的意境。

7. 晕色法

在使用喷刷法完成画面后，待颜料处于半干状态时很快注入大量水分，于是颗粒状的色料便溶解流淌开来，形成不可预测的偶然图案。

8. 飞白法

中国书法中的飞白是一种重要的技法。在现代设计中，可以使用粗毛笔或毛刷等稍微蘸一点颜料，以较快的速度运笔，形成飞白的笔迹。飞白可以让人感觉到运笔的力度、速度和方向感，给人遒劲有力、意犹未尽的力量感。

9. 摩擦法

一般是指运用画笔以外的工具，如树枝、海绵、布条、枯笔等比较粗糙的材料，在其上敷上少许颜料在画面上摩擦，或用砂纸、牙刷等工具摩擦画面，从而形成一种做旧的、模糊的痕迹。

10. 弹线法

把一根有一定弹力的线在颜料中浸过后，在纸面或布面上弹出线条。平时我们使用笔画出的线条是连贯流畅的，但在弹线法中，由于颜料附着和弹线的力度和方向等原因，线条可能会出现不连贯，并呈现出一定的力度感。

11. 排斥法

排斥法是利用水与油、水与蜡不相溶、会互相排斥的原理进行的。油性颜料包括油画颜料、蜡笔、色粉笔等；水性颜料包括一切可溶于水的颜料，如水粉颜料、水彩颜料、国画颜料、染料等。在制作肌理时，可以先用油性、蜡质材料在不需要上水性颜料的部分涂画、着色，再用水性颜料为画面上色，这时油性、蜡质颜料的部分会排斥水性颜料，两种不同类型的颜料之间会因相互排斥形成斑斑驳驳的视觉效果。

12. 刻纸法

刻纸法是采用刀或尖锐的针等对纸面进行刻制，也可以在刻过的部分加入颜料填充。由于刻法和刀工的不同，可以形成不同感觉的镂空线条，或朴素敦厚，或优美婉转。如果加以色彩的介入，会形成更为丰富的图案和肌理效果。

13. 揉纸法

揉纸法是指将纸张随意揉皱形成凹凸不平的表面，然后在摊平的纸面上作画。由于纸张不平整，凹下去的部分无法很好地着色，会形成斑驳的肌理感。

14. 刮割法

利用某些硬物、尖状物或刀状物刮割已经上色的画面，一般在颜料全干之前进行，刮割可以把已经存在于纸面上的颜料刮掉或者破坏一部分，刮割的痕迹可以在画面上形成强有力的线条。但在操作时，要注意刮割的深度与纸张的质地、厚度，避免过度破坏纸张。

15. 拓印法

在有凹凸肌理的硬质模型上（类似于印模）铺上纸张，再从纸张上方施加压力以印出图形；或者是使用铅笔等硬笔在纸张上来回涂抹，描摹出纸张下方物体的图案。

16. 压印法

在纸上放置足够的颜料，然后用一块略重的材料在纸上施以压力，色料便会沿着强压的方向四散开来，形成各种有趣的形态。如果把纸张对折后再压印，可以出现对称的偶然形态。

17. 拼贴法

拼贴法是指将面料、报刊、纸张等经过特殊处理的材料进行有意识的剪裁和设计，按照设计意图进行拼贴的技法。这种方法还可以结合手绘元素在画面中形成别样的对比效果，产生较强的视觉震撼力。

（三）计算机表现

随着计算机科技的发展，各类绘图设计软件应运而生，给绘画创意和设计一个全新的平台，打破了以往手绘艺术的一些局限性问题，成为现代设计教学中的重要工具。

计算机软件生成的设计作品便于保存、传输，通过最基本的功能可以快速地实现图形图像的复制、删除、扩缩等，也可以运用一些命令或滤镜效果实现明暗、色彩的配比调整，或改变物象的模糊、锐化度或模拟某些艺术效果。设计师还可以结合多种软件功能甚至多个软件联合完成作品，创造性地运用设计软件实现巧妙的设计效果。

八、设计素描表现范例

设计素描是设计创意与表现能力并重的表现形式。在下笔前，作画者需要完成创意构思、草图绘制，才能进一步形成正式的作品。一般采用绘图铅笔、炭笔、炭条或其他单色绘画工具，根据设计需要可以选择素描纸、牛皮纸以及各类特殊纸张。作画步骤图如图3-26所示。

（a）构图　　　　　　　　　（b）铺设基础调子　　　　　　　（c）统一调整，完善画面

图3-26　设计素描表现范例（郑吟洲　供稿）

思考
与练习

1. 请陈述结构素描、线面结合素描、光影素描对鞋类效果图绘制的作用与启发。
2. 对于不同种类或类型的鞋类产品，如单鞋、靴子、凉鞋以及系列产品等，在效果图绘制时分别需要注意哪些构图问题？应如何安排其画面的主次与布局关系？
3. 请完成足部、配套的鞋楦和鞋的素描表现。

第四章
鞋类效果图线描表现技法

第一节　线条的审美性与表现力

线描是指用线条呈现物象的表现方式，属于素描的范畴，是其中一种重要的绘画形式。鉴于线描效果图在鞋类设计领域的重要性和鞋类造型的特殊性与难度，所以另起一章进行系统性讲解。

一、概述

按用色的区别，鞋类效果图的手绘表现方式可以分为素描表现形式和色彩表现形式。在前一章中已经讲解了结构素描、光影素描和设计素描三种素描表现形式。鞋类线描效果图属于设计素描的范畴，重在利用线条的表现力强调形态的准确性，表现鞋的设计创意。

在实际的鞋类设计工作中，运用最多的表现形式就是鞋类线描效果图，因其能便捷、高效、准确地呈现鞋的造型与设计。无论在设计构思、产品开发环节或生产环节都能很好地衔接相关的工作。

二、线条的审美性

线条是素描的重要语言，它不仅能够塑造物象的形态，还能在一定程度上体现立体关系和画面层次。同时，对于画面的格调与意境的体现起到重要的作用。

线条具有很强的表现力，在我国传统绘画艺术中线条表现达到了登峰造极的程度，成为独具特色的绘画语言。例如在我国的书法艺术中，对线条的运用达到了极高的程度，线条是书法的语言，是书法的主要构成因素和灵魂。《书谱》中提及的"重如崩云""轻如蝉翼"；《笔阵图》中形容点画如"千里阵云""高山坠石""万岁枯藤"等，都是对线条审美性的描述。

线条的类型很多，例如，针对人物服饰褶纹的表现，国画中就有"十八描"技法（图4-1）。无论是写意画还是工笔画，中国画表现物象的基本形式都是线条，无论哪种线描都以更精妙地表现物象和传达美感为根本目的。随着工具、技法、画理和应用领域的不断更新、演进，在现代艺术设计中，线条有了更多的发挥空间和可能性。

图4-1　国画十八描技法（人物衣褶局部）

三、线条的表现性及其运用

线条是构成画面的重要因素，如果只是简单地将线条作为勾画物体形态的方式，而不体会、追求线条的审美性，就会大大降低线条的表现力和作用。我们可以多学习绘画艺术，尤其要多领悟中国绘画与书法艺术对线条精髓的理解和运用，体会线条的种种表现可能性。此外，还可以配合速写训练造型能力，长期坚持绘画练习，加强基础造型能力。注意在速写表现时不要过分拘泥于细节，务必做到大胆落笔，只有经过长期的训练，画不离笔，才能实现更自由的绘画表现能力。"线条"是塑造形态的重要手段，在表现物体的主要形体结构、体面转折、块面关系时用线条要肯定、明晰（图4-2）；而在一些次要的细节转折与变化之处则可以对线条做相应的弱化处理，以突出画面的主体和重点部分，形成良好的层次关系；在画面空间关系的处理上，可以根据前重后轻、前实后虚、前粗后细原则来表现，以突出画面的远近空间关系。

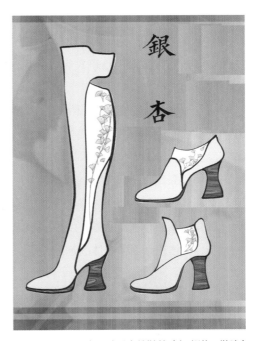

图4-2　以线条为设计重点的鞋款（赵书漾　供稿）

线条也是表现物象和传达情感的重要方式，线条表现力对画面效果有着最直接的影响。在进行设计表现时，可以根据画面需要，结合线条的主次、强弱、直曲、刚柔、轻重、虚实等层次变化，使线条呈现出丰富的表现力。例如在体现木质材料时，可以采用质感略显粗糙，能呈现自然肌理的线条；画金属材质时可以运用光滑、利落的线条；画塑料制品时可采用圆滑、干净的线条。

线条的表现力变幻无穷，可以写实、也可以写意；可以呈现细节，也可以概括整体；线条的表现风格也各有差异，设计师可以根据自身的审美经验、技法能力、画面主题和表现内容来选择适当的画材与表现形式，并在工作和学习中不断拓展对线条的理解和表现能力，以期能够更好地驾驭和运用线条进行画面表现。

四、鞋类线描效果图对线条的具体要求

（一）对产品基本形态的呈现

在线描效果图中，通过线条来准确呈现物象的基本形态是线条最基础的功能，这也是初学者的首要任务。因此，在平时的训练中，作画者必须养成观察的习惯，逐步熟悉产品的基本造型特点并将其准确地表现出来，再进一步做到能默画完成，为后期的产品设计打下基本的造型功底。

（二）对产品立体感的呈现

在线描效果图学习之初，学生能够对产品进行较为准确描绘的基础上，就需要提高要求，体会线条对产品立体感的表现方法。形准和立体感表现的前提都需要具备一定的透视知识，相关内容在本书第三章中已有介绍，在此不再赘述。

除了对透视关系的准确理解以外，对产品立体感的表达还需要对线条的表现可能性多加理解和训练。

（1）线条可以表现出轻重变化　对于鞋的主要结构、外在结构，例如大底、鞋跟、帮面的主要部分可以采用重线条；反之，次要结构、内在结构，如鞋底的内底部分、鞋跟和帮面次要的细微变化则可采用略轻的线条呈现，以此体现物体的主次关系。

（2）线条可以表现虚实变化　"实"，是指用线明确、肯定，落笔较重的意思；"虚"则与之相反，落笔较弱，有刻意不突出的意思。例如，对鞋中离作画者近的部分（一般为外怀角度）可以采用较强的线条，而离得较远的部分则可以根据其主次关系运用较弱的线条，以体现画面中物体的远近关系，进而形成恰当的空间效果。

（三）对鞋靴细微结构转折、重点设计细节的体现

在鞋类效果图训练中，线条首先要体现物体的主要结构关系和立体感，但如果只做到这一层是不够的。如果能够在鞋的主要结构、转折以及重要的局部细节处下功

夫，在遵循画面的主次原则基础上，尽量表现物象的结构转折变化和细节设计，可以使鞋更加生动。例如在鞋头的转折表现上，可以采用略重的线条自然地衔接鞋头宽度和长度两个方向的线条、突出鞋的头型变化，会使鞋的造型特点更加明确，视觉效果也更为突出；在鞋的重要装饰部位，如果能够根据面料的质感差别运用不同的线条进行呈现，如蕾丝用轻柔的线条，金属配饰用肯定、准确的线条等，也可以使鞋的设计重点更加突出，使效果图更有亮点；此外，一些关键部位的重要面料，在必要的情况下，给予厚度的体现也可以增加鞋的细节感和局部的体量感。

（四）流畅度

在鞋类线描效果图的训练中，应重视以流畅的线条去塑造形体。首先，不清晰、不肯定的线条会模糊鞋款形态，甚至让人无法分辨鞋各部分的轮廓线和分界线。其次，如果线条不流畅，会影响对鞋造型的准确表现，使人无法分辨哪些是因为线条表现不到位造成的形变，哪些是鞋本身的造型变化；再次，如果线条不流畅，处处都是线条的瑕疵，还会给观者理解鞋款设计造成障碍，导致无法把注意力集中到鞋的创意构思上。因此，流畅的线条有助于鞋的造型准确性与效果图画面美观性的传达，这也是线描效果图对线条的基本要求之一。

（五）优美感

线条是鞋类线描效果图的基本元素。一幅成功的鞋类线描效果图，不仅在于对鞋造型的体现，还在于线条所蕴含的艺术气息而传达出来的视觉美感。鞋造型的准确性是基础，而优美的线条使设计效果图具有更高的观赏性和艺术性（图4-3）。具体而言，优美的线条要兼顾变化性和丰富性。在表现鞋款不同部位和材质时，要根据主次关系和不同的

图4-3 优美的流线鞋造型（赵书漾 供稿）

特征，用线轻重得当，虚实关系相得益彰，层次丰富。就单根的线条来讲，线条应该做到紧致、有弹力感，而不能松松垮垮，无精打采；且应该据其在鞋中的对应变化和转折关系表现出轻重缓急、起伏有致的效果。

（六）对不同类型鞋款与艺术风格的体现

针对不同类型的鞋，如男鞋、女鞋、童鞋、运动鞋等，由于穿用对象和设计侧重点的不同，鞋效果图的线条表现要求也不尽相同，例如男鞋的用线要求曲中带直、刚劲有力，而女鞋的用线则要求优美、柔和，童鞋的用线活泼生动，运动鞋的线条则要求有动

感，富于变化等，不一而足。

此外，由于鞋履设计艺术风格的差异，也需要呈现出不同的线条效果；例如哥特式风格中对线条的表现更趋于硬朗的斜直线，时常体现尖锐的三角形、斜线条的分割关系；而巴洛克风格中则多以优美而精致、富于变化的曲线为主。因此，在各类设计风格和设计主题中，线条应该起到烘云托月、相得益彰的表现效果，以实现进一步强化设计效果的作用。

第二节　线条的训练方法与评价标准

在鞋类效果图的学习中，可以采取以下方法，针对线条的表现力进行单项训练。通过一段时间的线条基础练习，可以提高初学者在效果图绘制过程中对线条的把控能力，逐步达到准确、流畅的效果。

一、线条训练方法

首先，选用0.5mm左右笔芯的自动铅笔和A4复印纸作为练习工具，采用竖幅的形式，在纸张上从左到右徒手绘制直线，线条长度与纸张宽度一致。线条绘制过程中，练习者必须凝神静气，以匀速的方式绘制完每一根线条，中途不能无故停顿，保证绘制出的线条一气呵成，力度均匀，粗细一致。

二、线条训练的评价标准及依据

（一）线条直

要求绘制的线条尽量水平、笔直（图4-4），可将复印纸的边界作为参考。训练之初大多数人画的线条都会有明显的抖动痕迹，经过数次线条训练之后就会有明显好转；甚至还会有人画出很斜的线条，这种情况无须在意，只需另起一行继续画线即可。对于少部分感觉画直线条很难的人来讲，也可以使用直尺在纸上不同位置画出几条参考直线，使徒手画的线条尽量与参考线平行即可。

图4-4　线条训练方法（马春霞　供稿）

直线训练是一种线条训练的方法，相较于曲线而言，直线的变化更少，直线训练是画好曲线的基础。同时，在直线训练的过程中，练习者可以逐步领会线条的表现力和美感，为以后在效果图绘制中的线条运用能力奠定基础。

（二）线距密

在线条训练中，要求线与线之间的距离尽量小一些，必须保持在 0.5mm 以内，当然也不能因线条太密而形成粘连。较小的线距本身就会给线条的绘制带来难度，如果线条不直也更容易被察觉。

能够在维持一定密度的基础上画出直线，那么在绘制鞋底时，就不会因为大底、中底、内底以及防水台等各部件密集的线条关系而犯难，当然在帮面上也同样存在诸多细节相互交叠、错落的情况，都可以通过这样的方式训练作画者的处理能力。

（三）力度重

在进行线条直度、密度训练的同时，还需要注意线条的力度。通常情况下，绘制轻的直线比绘制重的直线更为容易。在训练中，很多人会不自觉地减轻画线的力度，把直线画得较轻，但一旦要求其画重的时候，线条反而不直了。所以，能够画出重直线的人，就一定可以画出轻直线，但反之则不然。也可以说，一个人在线条训练中能够画出的最重的线条，也就是其在鞋类效果图中能够呈现出的最重的线条层次。

在鞋类效果图的表现中，各类因素的主次关系都需要通过线条的轻重与层次去体现，所以练习者务必要锻炼自己画出流畅、优美的重线条的能力，才可能在效果图中准确、恰当地表现出线条的层次关系。

通过以上的训练和要求，可以使初学者具备基本的线条表现能力。在其后的鞋类效果图训练中，也可以根据需要不断练习线条，相互促进。

三、线条表现的误区

（一）反复涂改

在线描效果图绘制中，线条应该肯定、准确。初学者更容易选择一点点的连接、描线，认为这样的绘画方式比较有安全感，其实这种方式画出来的形态非常不确定，甚至连轮廓线都不好辨认。

建议初学者不要过度依赖橡皮，画一笔擦一笔，最后画面什么都没有留下，画错了就直接在画面上修改即可，逐渐锻炼出准确表现形态的能力。最好以自动铅笔勾形，这样的线条容易粗细一致，线条匀称；在造型准确的情况下，可以擦除多余的线条，加重准确的线条以形成鞋款造型。

（二）不能机械地理解与绘制线条

首先，在造型过程中，不能漫无目地为了画线而画线，必须本着以线条表现物体造型的目的使用线条；同时，注意线条不能死板、僵硬，像一个铁丝框。不用过分工整地表现线条，要知道，如果徒手绘制的线条变得像计算机绘制的线条，则失去了手绘的魅力和艺术性。

其次，对线条的运用还需观照画面的整体感，不要为了表现线条而对其过分强调，这样反而会影响效果图的整体关系和画面效果。

第三节　鞋类线描效果图分类与绘制重点概念的理解

一、鞋类线描效果图的分类

按照画面表现的深入程度，鞋类线描效果图可以分为草图、快写、慢写几种形式。

（一）草图

所谓草图，是指在设计创意之初，设计师根据构思勾画的一些简要的线稿，目的是为了表现鞋的大体设计效果，或者是以某些帮部件的局部设计亮点表现为主，以便于在勾勾画画中逐步确定设计思路和设计重点，也正是通过这个不断修改的过程，使效果图更具有审美性和实用性。画草图一般使用自动铅笔、绘图铅笔等便于修改的工具，也有部分设计师喜欢使用软笔、书法钢笔等书画工具。

绘制草图表达的方式不限，为了突出鞋款的形体关系和比例关系，草图的线条要尽量简略，简化无关主体的细节，把设计方案快速地表现出来。因此，草图的线条务必要流畅、生动、准确，如果画错了可以重来，而且也要允许自己画错，切忌因为反复犹疑难以下笔，或不停擦拭、反复描线，要明白这是一个训练的过程，有了一定的积累后，自然会更加自信、顺利。

在草图绘制过程中，也可以根据需要给鞋款线稿赋予一定的明暗、色彩关系，但在运用明暗和色彩因素时一定要注意：草图的特点是快捷，所以应该运用概括性手法进行快速表现，例如运用线面结合的手法，简要地传达出画面的空间感、层次感和产品的造型结构、色彩特点等重要设计特征就可以了。

草图的绘制对于明确设计思路，寻找设计灵感，挖掘设计的可行性方案，并一步步确定设计定稿有重要的作用。

Drawing Skill of Footwear

鞋类效果图技法

（二）快写线描效果图

快写主要是在鞋款构思已经厘清、设计已经明确的情况下，以较快的表现速度绘制出来的线描效果图。这类效果图主要着眼于快速、准确地体现鞋款的整体效果及设计亮点，在设计表现上抓大放小，不必处处拘泥于细节，以快速、高效的方式体现鞋款的总体效果为主（图4-5）。快写形式的线描效果图一般是在设计环节的中间阶段运用较多，它可以以一种较快的表现方式体现鞋款设计的整体效果及重要信息。快写效果图常用于比对设计图稿，帮助设计师明确设计方向并最终完成设计定稿。

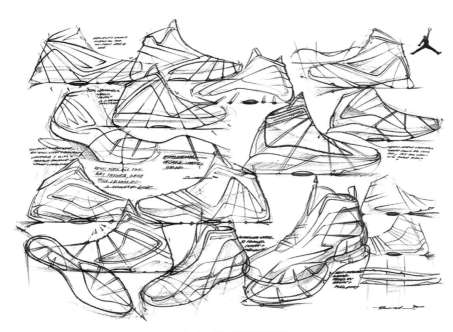

图4-5　快写线描效果图

（三）慢写线描效果图

慢写线描效果图是在草图的基础上进一步完善而来，指在确定设计定稿的前提下，以准确、细致的方式表现鞋款设计效果，尽量把鞋款的造型特点、设计亮点、时尚感、美感和设计细节细腻地呈现出来，运用设计效果图淋漓尽致地展现产品的设计魅力（图4-6）。

图4-6　慢写线描效果图
（李珉璐　供稿）

对同样的鞋款运用不同的技法进行表现，可以形成差别明显的画面效果。慢写形式的鞋类效果图对于体现产品设计主题与设计风格、精准细腻的表现设计效果有重要的作用。

二、鞋类线描效果图的认知与理解方法

完成一张优秀的鞋类线描效果图（图4-7），是要建立在掌握了足部结构、脚型规律、鞋楦与鞋的知识基础之上的。通常情况下，鞋类设计效果图绘制可以依据以下几种方法完成。

（一）以鞋楦套鞋的画法

鞋楦是鞋的母体，以鞋楦套鞋的方法即是建立在这一理念上的画鞋方法。在绘制时，设计师可以先把鞋楦画出来，然后在鞋楦的基础上画出鞋底和帮面主要结构，再一步步完成设计细节，最终形成一张完整的鞋类线描效果图。

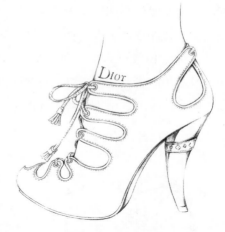

图4-7　线描效果图

（二）以脚型规律为依据

这是以脚型的构造和比例关系、足部生物力学知识为基础，对鞋款设计进行理解的一种方法。鞋的设计与生产最终是为人服务的，以人的脚型特点与规律为依据进行鞋类设计是一种最基础也是最根本的方法。本书中接下来提及的大多数关于鞋结构的分析与理解方法就是建立在脚型规律与视觉观察对比、透视规律三者结合的基础上的。

（三）视觉观察对比

视觉观察与对比是绘画中用到的重要方法，人的眼睛与大脑具有强大的观察与理解能力。通过观察物体的特点，比对相互间的共同点与差异性，可以更好地理解其本质特征。如在前面章节中提及的结构与光影素描训练即是对人的观察与造型能力培养的重要手段。

在鞋类线描效果图绘制过程中，作画者通过观察鞋的特点，对比各帮部件之间的比例关系，以及各类鞋的异同点，可以更准确地理解和绘制鞋效果图。尤其是经过长期的观察与造型训练后，其眼力会不断增加，对形态的观察力会不断提升，同时造型能力也会随着绘画训练的深入而不断精进。

（四）透视规律

在前面章节中，已专门对透视规律做了详细的介绍，它是西洋绘画体系中关于物象造型的基础理论。大多数情况下，鞋类线描效果图都是以写实性的描绘为主，所以同样需要遵循绘画透视规律。

三、鞋效果图绘制中的基本概念及比例关系

鞋类作为常见的服饰品，相较于大多数的工业品，包括服装、包袋，其效果图的绘制有着特殊的造型结构和绘画特点。如果不经过针对性地训练和专门培养，即便服装专业的学生也很难把握鞋的结构，难以准确地表现其造型特点。

在动笔之前，我们需要对鞋效果图的绘制建立基本的理解。

（一）以三维的角度理解和建构形态

鞋作为一个有实用功能的立体产品，作画者首先要对它的基本特点有清晰的认识。

首先，鞋款是有长度、宽度和高度的立体化产品，且与人的脚体特点有密切关联。这个道理说起来似乎并不难，但是很多初学者在绘制过程中就忘了这一点，画出来的鞋子很扁，鞋腔的高度不能够完全容纳脚体；或是前后帮的比例出现明显的偏差，一看就无法穿得进去。所以初学者一定要结合脚体特点来理解鞋长、宽、高的比例。

（二）脚长与鞋长的关系

根据鞋与脚体的关系，鞋长必须大于脚长。放余量、后容差与鞋的结构和面料的变化都会影响鞋的长度，例如，同样号码和结构的尖头鞋放余量较圆头鞋更大，所以前者的前帮比后者更长；而同样头型的凉鞋与单鞋相比，由于凉鞋鞋头的前空结构，所以放余量不能太长，也因此其前帮也会更短。我们在效果图绘制时必须注意这些因素对鞋款造型形成的影响。

根据脚体和鞋楦设计特点可知，第五跖趾部位点位于脚长的63.5%，因此以第五跖趾关节为界，鞋的前后曲线长度比都应该在前6后4和前4后6的比例之间。但这已经是现代鞋类的极端比例，一般来讲，根据鞋的结构和头型等因素的不同，主要在前5.5后4.5到前4.5后5.5之间居多。

（三）鞋的跷度

在效果图绘制过程中，我们也必须注意鞋的跷度因素，如鞋跟增高，前跷度则会因前掌压力的原因降低，当然后跷会随着跟高增加而增加；此外鞋的头型也会影响跷度，同样跟高的圆头鞋和尖头鞋相比，由于前者更贴近脚型特点，前跷度较后者更高。

由于人的脚趾自然上翘的高度不超过20mm，因此，鞋的前跷度也应该保持在20mm以内。在女鞋造型中，后跷线是鞋底上变化最大的一段线条，对于体现女鞋的曲线美非常重要。

（四）鞋头的造型

鞋的前帮往往是一款鞋子的"门面"，而鞋头则是重中之重，鞋头有大方头、小方头、大圆头、小圆头、长尖头、小尖头、尖圆头等多种头型，不同的头型对鞋造型的影响是非常明显的。因此，在效果图绘制时，必须非常明确地表现出鞋头的特点，我们在观察鞋楦时会较为清楚地看到鞋楦头型的宽度和高度之间的转折处有一条棱线，这条棱线也是鞋头宽度和高度的分界线，也称为鞋棱线。它对于体现鞋头款式非常重要，如果在画效果图时把这条线表现出来，可以使鞋头造型更清晰。当然，越接近第五跖关节，鞋棱线随着脚部肉体的凸起会变得不明显，所以可以采用渐隐的线条来体现鞋头，形成一个"飘头"：在鞋头处用扎实清晰的重线条表现，往后逐渐过渡为较轻的弱线条，这样的处理方式不仅明确了鞋头造型，同时对鞋款的立体感呈现也有较大的帮助。

（五）第五跖趾关节形态

值得注意的是，脚体第五跖趾关节的形态并非是直线形转折结构，由于肉头安排的需要，此处必须有一定的弧度和空间，所以在鞋类效果图绘制中一定要注意第五跖趾关节形态的准确性。

（六）后跟

由于人的脚后跟是一个椭圆形的球体状结构，所以鞋的后跟也是如此。根据脚型规律，如果把整个后跟的曲线高度分成三段，那么在后跟高度近下 1/3 处即是球体的转折处，也是后跟的凸点部位所在。同时，根据脚型规律和鞋款跟脚性的需要，在后跟高度约上 1/3 处也开始明显地往内转折，这一点在女性的高跟鞋结构上表现得尤为明显。

（七）口门

可以利用结构设计中后帮控制线的原理，在鞋类效果图的绘制中确定口门的大致位置。根据观察，在 1/2 角度的平行透视状态下，一款普通口门高度的单鞋，其后帮控制线可以通过连接第一跖趾关节到第五跖趾关节，确定跖趾线中点，然后以该中点连接后帮高点而得到的这一段线即可以作为口门高度的参考线。要注意的是，该方法仅仅是为了初学者能更快地理解，把此角度下的观察结果做一个总结，这是一种辅助性的观察方法，在不同的观察角度下会出现与此不同的差别。因此，在逐步掌握之后，还需要作画者自己去观察和理解。

（八）内底和帮里的透视

在绘制鞋类效果图时，一般情况下，大家对帮面的结构和款式都表现得比较细致，但时常有人忽略内底和帮里的透视关系。如果从观察的角度能够看见鞋的内底和内怀部分的帮里结构，也务必要画出来，否则处理不当的话，容易让人感觉鞋是不完整的。只是在线条的轻重和细节的表现上可以根据具体情况处理得虚一些，简略一些，不作为表现的重点即可。在一些快速表现效果图中，也有采用将内怀口门线直接隐去不画的处理方式，如果要这样表现，至少要保证线条"飘头"（由实而虚的那部分线条）的走向是正确的，隐去部分如果连接的话是可以得到正确的鞋款造型的。

（九）鞋跟的落地点与锤心点

很多初学者在画鞋的效果图时，容易把鞋跟和大底的下沿线画在一条线上。这样画出来的鞋子看起来鞋跟很长。一般来讲，在 1/2 平行透视角度，鞋跟的落地点应该在前底线中点的延长线上。而在 1/3 成角透视角度中，鞋跟的落地点则基本在前底的前 1/3 延长线位置。除落地点之外，鞋跟在鞋底的前后位置也可以根据踵心点与脚长的比例关系进行推算，踵心点位于脚长的 18% 左右，因此鞋跟的踵心点也与此接近，大多数实用性的鞋都符合该规律。但是也有部分鞋因为跟型原因及鞋的设计因素会有较大的差别。

当然，在初学阶段，可以利用以上所提及的观察方法和比例关系来检视鞋的造型，或作为效果图绘制的一种参考。随着训练进程的深入，我们应该丢掉规则，丢掉条条框框，靠自己的观察和感受去造型；更重要的是，我们不能忽视鞋类效果图本身的造型训练目的，最好的办法仍然是多观察、多理解，才能形成对鞋类造型更深刻的认识，也才能在此基础上更好地进行设计创造。

（十）针车线的表现

针车线似乎是初学者很容易忽略的部分。其实它在鞋的设计中扮演着重要的角色。因此，针车线的绘制必须严谨，要注意线的粗细绘制得当，尤其要注意线距，过疏或过密都会影响效果图的美感。针车线不仅体现了鞋的工艺特点，同时也可能是重要的设计要素。图中某个部位没有画针车线会直接影响打板师对缝制工艺的选择；同时，针车线还有单线、双线及多条缝线的工艺区别，所以针车线不仅要画，而且数量也必须准确；此外，一些鞋中可能还会采用与一般针车线不同的装饰线，在绘制时一定要有所区别，如线的粗细、长短变化等都要有清楚的交代。

虽然以上一些比例关系和技巧可以帮助大家在初学时更快地上手，但笔者希望在训练一段时间后大家完全丢掉这些条条框框，才会使自己获得更大的发挥空间和创意的可能性。

第四节　鞋类线描效果图的绘制准备和范例

一、线描效果图的绘制准备

在准备画一幅鞋类效果图之前，首先要考虑以下几个基本的问题。

（一）构图

鞋类线描效果图一般都是以鞋款的原大比例在画面中进行绘制，或者以 230 号的鞋款为标准尺寸进行绘制。如果因为纸张或其他的原因，比例处理上比原大尺寸略小一些也是可以的。

其次，根据所画鞋款的结构特点，确定横幅或竖幅的构图形式。一般来讲，单鞋、凉鞋因其长度和高度的比例关系，采用横幅比较恰当；而靴子一类有靴筒的鞋款则采用竖幅构图更便于画面的安排和靴筒部分的完整呈现。

最后，在下笔之前，还要确定鞋款的表现角度。设计师可以根据每款鞋的结构、款式和主要设计点的位置来确定鞋款的表现角度。通常情况下，因鞋的结构变化和主要装饰部位都集中在外怀处，所以鞋款的表现基本都以外怀角度居多，也因此，大多数鞋款都可以采用平行透视角度对鞋款的楦型、跟型、结构分割和设计进行充分的展现，尤其是绝大部分的靴子效果图，因要体现外怀角度上靴筒的设计元素，更有必要采用此表现角度。当然，为了更突出鞋头特点和鞋款的前帮部位造型，还可以采用外怀成角透视角度表现鞋款，如 30°、45° 等。此外，还有一些鞋因为帮面设计的特殊性和美感传达的需要，还可以采用俯视的透视角度，或者是从内怀角度、后跟角度等来进行效果图的呈现。

（二）工具选择

鞋类线描效果图的用笔主要有软笔和硬笔两种。硬笔有自动铅笔、绘图铅笔、普通钢笔、书法钢笔、马克笔、签字笔、炭笔等；软笔可以选择传统毛笔、新型软头毛笔（即市面所称的"科学毛笔"）、工艺描笔等工具。

纸张的选用则要据笔和表现手段的不同来考虑，铅笔绘图可以选择复印纸、素描纸、各类卡纸、硫酸纸等较为光滑的纸张，如马克笔就需要表面光滑的纸张，也可以使用专用的马克纸。水溶性色彩则需选用吸水性较强的纸，如运用绘画软笔就建议首选素描纸、水粉、水彩纸等。当然还需要注意的是，一些有肌理的纸张因为表面的凹凸可能会影响线的成形效果。

（三）关于线描效果图绘制方法与步骤的说明

总的说来，产品线描效果图的绘制方法是在对产品造型与设计基础知识进行系统性理解的基础上，从整体关系着手对其大体的造型进行构建，再逐渐深入到各部分的细节表现，最后再跳出细节，回到整体关系上进行调整与完善的过程。

本书针对不同的鞋品种类进行了造型特点的分析和绘制步骤的示范，这是建立在对不同鞋的造型与绘画方法、技巧理解的基础上进行的总结和归纳。同时，为了方便初学者能够更快地理解、上手，在方法上进行了一些概括，并结合透视规律、视觉观察、对比的方法对各种鞋的绘制方法进行了梳理与简化。

但是，以下讲解的方法和示范的步骤并不是唯一和必须的。一开始训练的时候可以根据以下介绍的绘画步骤进行练习，这对于缩短初学阶段的进程，快速掌握线描效果图绘制方法有较大的帮助。但当训练到一定阶段，对鞋类的造型与表现有了一定的理解和积累之后，就更需要逐步建立起自己的认知，观照自己的绘画感受，探寻更符合自己的习惯、更顺手的绘制方法与步骤。

最后，随着各种鞋类的深入学习，本书中关于步骤的讲解与示范越到后面会越简化。一方面是因为有很多基础的知识和方法是相同的，没有必要反复陈述；另一方面也是对读者的一种提示和引导，随着训练的深入，应该在掌握基本方法的基础上，逐步加入更多个人的理解和体会，不再需要在理解、技法和表现上亦步亦趋。

二、线描效果图绘制范例

（一）女式正装浅口单鞋

1. 结构与造型特点

所谓女式正装鞋，即是指女性在正式的场合，如工作或商务活动中穿着的鞋，而浅口单鞋则是指口门前帮长度在跖趾围度线之前的鞋。

由于穿着场合的需要，要求正装鞋鞋款的成型效果好，所以这类鞋品一般都采用片底而非成型底结构，以凸显女性干练、利落的职场形象。也正因为如此，正装鞋的鞋底一般都没有大的变化，帮面装饰元素也较少，主要集中在帮面的结构设计、面料与色彩的选用与搭配上。此外，出于展现女性脚体曲线美的目的，女式正装鞋的帮面宽度都大于鞋底宽度，这也是区别于男鞋造型的一大特点。

总体来讲，女士正装浅口单鞋造型简约，成型感好，线条流畅、简练，重在突出干练的职业女性气质。

2. 平行透视角度下女式正装浅口单鞋的绘制

（1）起稿　在绘制时可以画一条水平线作为辅助线，在其上确定出前跷和后跷线，并据此参考鞋跟的落地位置，如图4-8（a）所示。

（2）鞋的大底、中底画法　正装鞋鞋底自上往下第一条线为鞋的楦底线，第二条和第三条线为大底的厚度线。由于片底鞋的特征和透视角度使然，第二条与第一条线在楦底后跷线的腰窝处重合。第三条线自第五跖关节开始逐渐由宽变窄，直到鞋跟前部与第一条线完全重合为楦底线。

（3）跗背线的理解与画法　在绘制时要注意体现出鞋的容脚能力。一些初学者往往会忽略这个问题，这是画鞋的大忌。所以，要画好单鞋的跗背线，首先要确定好鞋的跖趾线位置，便于保证鞋腔空间的呈现。

从鞋头到跖趾线之间的长度，可以分为三段来理解和表现。首先，处于楦底前端的部位为鞋头的高度。第二段为鞋尖高度转折处到拇趾端点，这一段是放余量的主要部分，通常放余量较长的头型，例如尖头款式，从造型美感和舒适度的角度考虑，鞋尖高度都会低于脚趾高度。但鞋头款式和细节变化很多，不能一概而论，根据前跷和头型不同可能微上翘，或水平，或下压，不一而足。第三段则是拇趾端点往后到跖趾线，为容纳足部的空间。

（4）确定口门线　要确定口门线，首先要确定跗背线和后帮控制线。可以通过前面讲述的方法找到后帮控制线位置，然后在此基础上绘制口门线，口门线是一段圆滑的曲线，尤其需要注意在第五跖趾关节靠前的位置需表现出合理的转折关系，此处开口太高，会使鞋的形态显得很局促，反之则会露出太多脚背，没有了女鞋的雅致、精美感。同时，在腰窝处，口门线也需要相应的下沉，此为中帮最窄的部位；自此部位往后，口门线逐渐加高直至与后跟高点重合，如图4-8（b）所示。

在内怀口门线的处理上，遵循近实远虚的透视原理，可以采用虚化的手法，用较轻的渐隐线条体现，但仍然要注意结构准确和线条连贯。尤其需要注意在第一跖趾关节部位，口门的高度和形态转折一定要根据此处的脚体结构来描绘。

（5）后帮的定位　单鞋、凉鞋、靴子等不同类型的鞋因为结构不同，跟脚因素会略有差异。鞋的后容差弧度与跟高关系很大，如果后跟定位不好，则可能出现挤脚或脱跟的情况。根据脚型规律数据，可将单鞋后帮的横坐标位置定在后跷线的后1/9左右，单鞋的后帮高度一般为2.5寸（8.3cm）左右，因此可根据鞋款的绘制比例在后跷线选择适当的点位确定后帮的纵坐标位置。

（6）后跟形态　后跟形态与跟高、面料、款式及后容差都有相关性。例如平跟鞋的后容差较小，鞋跟的凸度较小，而随着后跷高度的增加，后跟的凸度也会随之增加。女士正装鞋一般以中跟为主，在绘制中要注意体现后容差的空间，注意把鞋跟的球体感和跟脚性体现出来，也就能更好地表现女鞋的曲线美感。

（7）绘制鞋跟　根据前面提及的方法确定鞋跟的落地点及锤心点位即可。在鞋跟的表现上，要注意跟型的特点，例如方形跟、圆形跟、马蹄跟等各种跟型都有其自身的造型特点，尤其要注意其中面与面的转折与衔接关系。最后，还要注意把天皮的厚度与转折表现出来，才会给人以完整的印象，如图4-8（c）所示。

（8）针车线的表现　精致、细腻的针车线表现方法可以使鞋款更加精美、完善，起到锦上添花的作用。

（9）整体调整　在鞋款完成以后，还应该从整体关系上把握画面效果，对处理不当或需加强、削弱的部分进行适当的调整，以取得更好的造型效果。

此外，在整体调整阶段，要有意识地加强轮廓线及主结构线、外结构线，对线条进行修饰，使其更加流畅、优美，这对于增强鞋的立体感、空间感和视觉美感有重要的作用。

（10）收拾画面，完成作品　根据画面情况，对画面再次进行检视，也可以根据需要喷定画液等，如图4-8（d）所示。

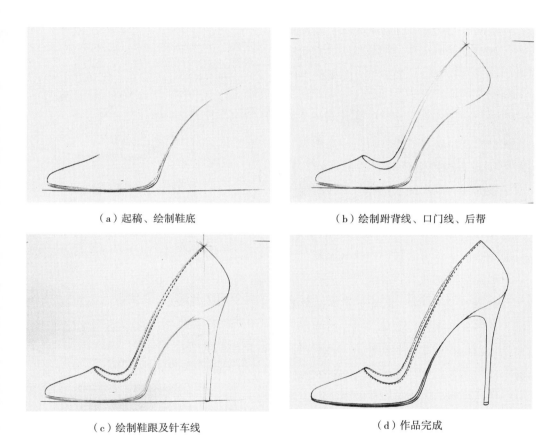

（a）起稿、绘制鞋底　　　　　　　　　（b）绘制跗背线、口门线、后帮

（c）绘制鞋跟及针车线　　　　　　　　（d）作品完成

图4-8　女式正装鞋的线描效果图
（李珉璐　供稿）

（二）女式深口时装鞋

1. 结构与造型特点

所谓时装鞋，是指款式新颖且富有时代感的鞋，时装鞋有明显的时效性和一定的周期性，通常在产品风格、款式、鞋材、面料、色彩、配饰等造型设计元素上具有创新性和流行性。

根据鞋的前帮长度可以将鞋分为浅口门、中口门和深口门。以跖趾围线为界，口门在跖趾围线之前的为浅口鞋，在其后因高度的差异可以分为中口鞋和深口鞋。根据脚型规律可知，中口鞋及深口鞋较浅口鞋的跖背更高，同时也需要增加适当的围度，以便穿脱。

2. 平行透视角度下女式深口时装鞋的绘制

不同口门的女鞋在绘画表现上差异不大，都可以采用确定后帮控制线的方式辅助完成，只是在口门的造型上需要注意以下问题：

深口鞋的口门线超过了跖趾围线，落在脚部跖背位置。首先，口门线需要避开跖骨突点，否则会影响穿着舒适性。其次，根据跖背围度的比例和数据，绘制时要保证鞋款跖背对应位置的容脚能力，如果该围度处理过窄，会造成挤脚的情况；如果画得太宽会影响口门曲线的美感，同时影响鞋的抱脚感。

绘画步骤与平行透视女式正装鞋相同，如图4-9所示。起稿→确定鞋底形态与结构→确定鞋头及前帮造型→绘制口门线→确定后跟形态→绘制鞋跟→针车线绘制→整体调整→收拾画面，但务必注意在绘制深口门时多对照，同时注意要对文中提及的辅助线有所体现。

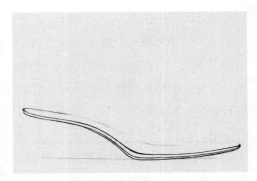

（a）起稿，完成鞋底造型

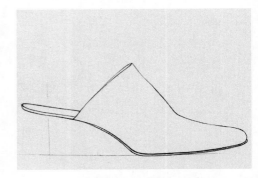

（b）完成鞋头、口门等帮面造型

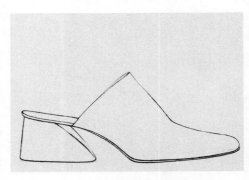

（c）完成鞋跟造型、整体调整

图4-9 女式深口时装鞋的线描效果图
（李珉璐 供稿）

（三）成角透视状态下女鞋线描效果图的绘制

1. 成角透视与平行透视的差异

成角透视又称为两点透视，相较于平行透视（一点透视）而言，由于作画者与物体间的角度产生变化，透视关系也随之产生相应的改变。

我们可以观察到成角透视状态下鞋的透视变化更大，消失点也会增多，因此绘制难度会更大一些，所以设计师要注意根据以上透视原理体现出鞋的透视关系，运用近大远小、近实远虚的透视原理来处理鞋的结构与线条关系。但需要注意的是，鞋毕竟是一种体量很有限的物体，所以绘制效果图时也不能过分地夸大透视变化，导致鞋的形态产生夸张和畸变，不仅无法准确地体现透视关系，也失去了鞋应有的美感，违背了鞋类线描效果图的目的和初衷。

2. 成角透视状态下女鞋的绘制步骤

在绘制鞋类效果图时，由于画面范围比较有限，不可能把物体的消失点都体现或标示在画面之内，所以我们更需要根据透视关系中线的长短、面的宽窄、角的大小等因素进行反复比对，把握好鞋的比例关系和造型特点。

（1）起稿（确定鞋底的辅助形）　在初步学习成角透视角度的画法时，大多数作画者都很难把握好两点透视的关系，仍然会不自觉地把前掌画成平行透视的效果。所以，初学者一定要把鞋底的前掌部分理解为一个呈成角透视角度的立方体，然后在这个辅助性立方体的范围内再进行各部件的划分。

在作画时，可以先画出一个成角透视状态的立方体，根据想要表现的成角角度确定长边与宽边的角度，并根据鞋的造型与型宽的特点确定长宽比例，最后根据鞋底的结构与厚度来确定立方体的高度。在绘制时一定要注意立方体透视的准确性，但一定不要表现得过度夸张，否则会造成鞋的形态畸变。

确定前底的辅助形之后，接下来就可以绘制出后底的形态。需要注意的是，根据透视学近大远小的原理，在成角透视状态下鞋的前段和后段之间的比例（以第五跖趾关节为界）会产生变化，后段在视觉上产生收缩感；且因为跟高等因素，在之后确定后跷线时还会产生较大的弧度，所以不宜在画辅助线时把后段画得太长，否则就会失真。

最后，在确定后段辅助形时，一定要注意内怀第一跖趾关节的形态，按照脚型规律的数据比例关系，可以把前底的辅助立方体的宽边分为三等份，后底线则与立方体的约外 3/2 的形态相连，以保证鞋底前后比例的合理性。

通过以上方法，可以确定下来成角透视角度下鞋底的辅助形态，如图 4-10（a）所示。

（2）确定鞋底形态与结构　为便于画出鞋头的造型特点，在绘制时注意把主点放在鞋头的位置。以立方体辅助形为参照，细分出鞋的大底、中底以及内底部分，如图 4-10（b）所示。如有防水台的也可一并表现出来。

在后段的表现中，注意把形态切圆修边，其中特别需要注意的有三点：一是对鞋头特点的体现，虽然这一步是表现鞋底，但因为鞋底的前端部分和鞋头有很大的关联性，所以要注意对鞋头造型有所观照；二是对第一跖趾关节形态的准确体现，需要根据此处的形态特点把立方体和后段辅助形进行连接，体现其造型特点；三是一定要注意鞋的后跟形态的体现，根据圆面透视的原理，离观察者近的圆面弧度比离得远的圆面弧度更大，所以在后跟圆面的处理上也要遵循这一原理，外怀后跟的曲度更大，而内怀部分的后跟曲度应处理得更小一些。

（3）确定鞋头及前帮造型　在此基础上，可以根据视觉观察及脚型规律与画法对帮面进行理解和绘制。

　　首先，与上文讲授的 1/2 平行透视状态画法略有不同，由于成角透视角度的转变，前帮处不再只是看得见鞋帮的一半，而可以观察到内怀与内底部分更多的内容。所以，需要先找到鞋的背中线，这对于确定前帮部分内怀、外怀的比例和结构很有帮助；同时还要注意体现出第一跖趾关节处鞋腔的高度和形态，如图 4-10（c）所示。

　　（4）绘制口门线　绘制鞋的中后帮时，仍然需先确定口门线。只是与 1/2 平行透视状态不同，在成角透视状态下，口门线会因为透视关系在视觉上产生一定的收缩感，所以需要根据成角透视的角度来确定后帮控制线的位置。成角角度越大，帮面收缩越明显，同时也就会观察到更多内底部分。

　　（5）确定后跟形态　后跟形态的确定仍然应该根据脚型规律进行体现。单鞋后帮的横坐标位置在后跷线的后 1/9 左右，单鞋的后帮高度一般约为 2.5 寸（8.3cm）。但由于成角透视的原因，在视觉比例上略有收缩，在作画时适当体现即可；同样，由于透视角度的改变，后跟形态与平行透视角度下有较大差别，需要根据所在角度仔细观察，其间会出现一段不同程度的凹度线，如图 4-10（d）所示。

　　（6）绘制鞋跟　根据踵心点为脚长的 18% 的比例关系，可以确定鞋跟的纵坐标位置，不过因为成角透视的缘故，后帮会产生一定的比例收缩，所以踵心部位也需要根据透视角度的大小进行相应的收缩。而在鞋跟横坐标位置的确定上，需要根据成角透视角度的大小进行考虑，透视角度越大，鞋跟落地点的延长线就越靠近鞋头点位，如图 4-10（e）所示。

　　（7）针车线绘制　针车线绘制与之前范例中提及的方法相同，只是成角透视角度

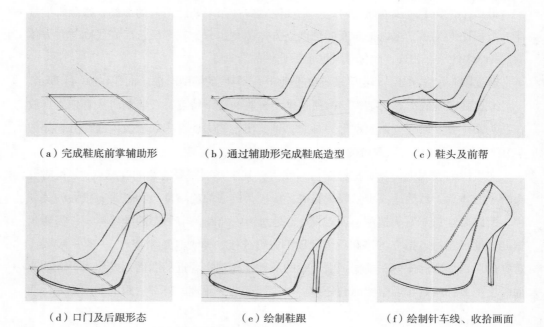

（a）完成鞋底前掌辅助形　　　　（b）通过辅助形完成鞋底造型　　　　（c）鞋头及前帮

（d）口门及后跟形态　　　　　　（e）绘制鞋跟　　　　　　（f）绘制针车线、收拾画面

图4-10　成角透视状态下女鞋效果图的绘制（李珉璐　供稿）

中线条的虚实变化可以略加强一些，以更好地体现画面的远近感和层次感，如图4-10（f）所示。

（8）整体调整　以上步骤完成以后，务必从画面的整体关系出发，审视作品效果：是否兼顾了整体与细节的表现，是否突出了画面的重要设计点，并根据判断进一步调整与修改。

当然，不是说在这一步中才需要从整体角度进行画面观察与调整，而是在任何时候停下来，画面都应该是相对完整的。作画中一定要养成整体观察的习惯。因此，每一次落笔前都应该清楚如何处理当前绘制的部分，它在画面中处于什么样的地位和作用，应该以什么样的线条去体现它。

（9）收拾画面　最后，根据画面的情况，完善效果图中鞋的款式与装饰元素、表现细节等。

（四）条带式女凉鞋

1. 结构与造型特点

为了使初学者能掌握更多不同类型的鞋款画法，此处选择典型的凉鞋款式——条带式女凉鞋（图4-11）为例进行讲解，以便与前面提及的单鞋结构特点与画法相对比，突出两者的差异性。

图4-11　华伦天奴品牌女凉鞋

① 由于条带式凉鞋的鞋头部分呈开放式结构，无须考虑脚趾部位在鞋腔内的前后移动空间。所以总体而言，其鞋头的放余量较之单鞋更小。通常情况下，凉鞋的放余量只需比大脚趾端点略长一些即可，否则无论是从穿用的合脚性和服用的美观性上都会有所影响。也因此，在凉鞋前、后跷的长度比例上，一般以5∶5到4∶6之间居多。

② 与单鞋相比，凉鞋的中帮部分是开放式的结构，所以不具备单鞋的完整中帮结构带来的抱脚感。因此，为了更好地承托身体重量，保护足部，也为了造型的美观，凉鞋鞋底的腰窝及其前后部分会设计得比单鞋对应位置略宽。

③ 条带式凉鞋与单鞋在后帮结构上的差异。由于单鞋的后帮结构是一个封闭完整的形态，所以这部分可以协同发挥跟脚性作用。而条带式凉鞋则必须依靠后跟的单根或几根条带保证鞋款后跟结构的跟脚性。所以凉鞋会比单鞋的后跟高度略高一些，以使条带与脚后跟部位较细处相接，以保证更好的跟脚性。

④ 由于条带式凉鞋在形态上不是很挺括，导致大多数初学者对其理解有误，因此在绘制时只顾表现出鞋底和帮面的条带，而全然忘记体现鞋的结构关系、各部分的围

鞋类效果图线描表现技法　第四章

度特点，鞋腔空间的合理性。

⑤ 除了条带式凉鞋以外，还有前空、中空、后空等结构的凉鞋，在针对这些鞋的效果图绘制时，基本可以遵循这样的规律：开放式结构部分的比例结构和画法可与条带式凉鞋相同；而对于其中封闭结构的帮部件，则其结构、比例与画法可采用与单鞋相同的方法进行处理。

2. 平行透视角度下条带式女凉鞋的绘制步骤

（1）确定鞋底的结构　在动笔之前，要明确鞋底的构造。片底凉鞋鞋底主要的部件有中底、大底、内底、防水台几部分。

以片底凉鞋的鞋底结构为例，其大底与鞋跟底座相连接；中底前薄后厚，帮面的鞋带黏合在中底与大底之间。内底则是鞋底最上部薄薄的一张垫底，前空结构的凉鞋内底前端较短，一般不超过脚趾的长度，以免影响穿着。

鞋底的防水台也是放置在中底和大底之间的。防水台的造型丰富，变化各异，与鞋底形态有很大的相关性，但又不完全相同。有的较短，仅连接在前跷部分；而大多较长，会连接到脚部腰窝之前的部分。

（2）鞋底的基本形态确定　先在画面中作一条水平线，并在此基础上确定鞋底的厚度和宽度。注意体现第一跖趾关节的形态。

在鞋底前段的基础上连接出后底的基本形态，确定好前后跷的比例关系，注意体现鞋底的宽度和内怀的结构特点。

其中，需要注意的是，3/4俯视角度能看到更多的鞋面及内底宽度，所以在绘制时注意区别于1/2俯视角度的效果。

（3）完善鞋底造型　进一步完善鞋底形态和大底、中底、内底及防水台的结构，切圆修边，确定底部的造型，如图4-12（a）所示。

（4）确定前帮造型　在鞋底基础上，确定前帮部位各条带的位置。根据设计需要，条带的宽窄、粗细、位置的变化多种多样、不一而足，只要不违背鞋结构设计的基本要求，不影响鞋的穿着舒适性即可。

在帮面的绘制中，务必确保鞋腔空间的合理体现，尤其是鞋的高度一定要到位，其中内怀第一跖趾关节部位的高度体现的是前帮绘制的重点之一，如图4-12（b）所示。

（5）确定后帮条带　前文已经讲过，凉鞋的后帮应略高于单鞋后帮，但由于在3/4俯视角度下，会在视觉上造成一定的收缩感，所以在后帮高点的处理上，可以考虑与单鞋后帮高点位置大致相同，如图4-12（c）所示。

（6）确定帮面的装饰元素　根据产品的造型设计，绘制出帮面的设计装饰元素及其细部变化，如图4-12（d）所示。

（7）绘制鞋跟　确定鞋跟的造型，注意表现出鞋跟的体量感，各个面的透视变化。鞋跟的落地点与踵心点确定方法与前面提及的平行透视角度下的鞋款画法基本一致，如图4-12（e）所示。

（8）完善细节　完善针车线及其他部分的细节处理，使效果图更加完善、优美。

（9）收拾画面　根据画面具体情况，从整体角度审视，做最后的调整与处理，如图4-12（f）所示。

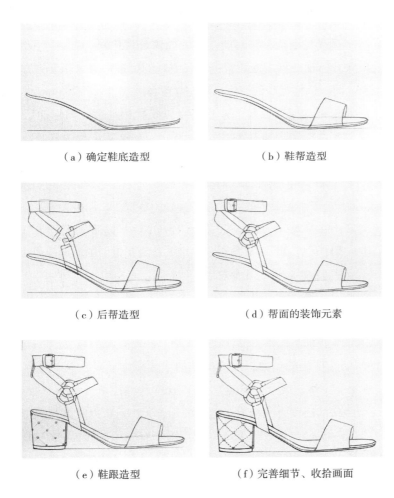

（a）确定鞋底造型　　　　　　　　（b）鞋帮造型

（c）后帮造型　　　　　　　　　　（d）帮面的装饰元素

（e）鞋跟造型　　　　　　　　（f）完善细节、收拾画面

图4-12　条带式女凉鞋线描效果图（李珉璐　供稿）

（五）时尚女凉鞋的成角透视线描效果图

1. 凉鞋效果图的主要表现角度

凉鞋的结构多变，有凉拖鞋、低于脚踝以下的条带式凉鞋，还有长及小腿的绑带式凉鞋、罗马式凉鞋以及各类凉靴等。在绘制效果图时，我们需要根据鞋的特点来选择适当的观察角度进行呈现。

一般来讲，高度在脚踝以下的鞋款可以采用1/2或3/4的平行透视角度，前者能完整地表现鞋跟高度，后者则可以更多地表现帮面的造型因素；或以30°、45°等成角透视的角度也比较恰当；而在此部位以上高度的凉鞋则建议选用1/2平行透视角度，更利于体现鞋的外怀部分、鞋跟的造型设计，同时也便于表现靴筒部位的结构与外观设计。

从理论上来说，成角透视状态下凉鞋的画法与单鞋基本一致，只是由于鞋款结构和造型有所变化，因此在表现时要注意体现凉鞋特有的造型特点，如鞋头的长度、中底的宽度、后跟的高度等。

2. 成角透视角度下女式凉鞋的绘制

（1）确定鞋底透视与结构　与之前提及的成角透视相同，先画一条水平辅助线，在此基础上画出立方体辅助形，注意根据需要表现的透视角度来确定立方体与水平线之间的角度关系。同时根据鞋底的厚度来确定立方体的高度。

（2）确定后底框架　根据凉鞋的造型特点以及鞋跟高度，确定前后底的比例关系，并绘制后底的基本框架，如图4-13（a）所示。在这一步骤中务必应注意凉鞋鞋底的宽度要合理。

（3）完善鞋底造型　在前两步完成的框架基础上，为鞋底辅助形切圆修边，进一步确定鞋底的长、宽、高及相互间的比例关系，并处理好鞋头、跖趾关节、后跟形态等多个关键部位的造型，完整地呈现出大底、防水台、中底、内底的造型结构，如图4-13（b）所示。尤其需要注意的是，在成角透视角度下一定要根据圆面透视规律来处理后跟处的鞋底弧线，否则非常影响鞋的视觉效果。

（4）绘制帮面及装饰元素　由于前面已经提及过成角透视画法及凉鞋的前帮特点，此处就指出关键要点即可：

① 要注意体现鞋腔的空间，尤其注意体现第一跖趾关节的高度。

② 确定好前帮背中线的位置，因为凉鞋的主要配饰元素在此部位出现的概率较高，如果没有找准背中线，就会造成偏差，影响设计效果。

③ 注意后帮条带的高度，根据成角透视的角度大小，可以考虑其后帮高度的位置与单鞋相同或略高一些。

④ 一些有T形条带或在跗背处有条带结构的鞋款，一定要注意根据跗背结构来确定该部位的形态与造型表现，如图4-13（c）所示。

（5）鞋跟　采用之前提及的方法，根据成角透视的角度大小来确定鞋跟的横纵坐标，找准落地点位置，并画出鞋跟的款式和体积感。

（6）完善鞋款各部位细节　完善针车线及其他部分的细节处理，使效果图更加完善、优美。

（7）收拾画面　根据画面具体情况，从整体角度审视，做最后的调整与处理，如图4-13（d）所示。

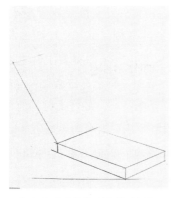

（a）完成凉鞋前后底辅助框架　　　　　（b）完善鞋底造型

（c）绘制帮面及装饰元素　　　　　　（d）绘制鞋跟、完善细节、
　　　　　　　　　　　　　　　　　　　　　　收拾画面

图4-13　时尚女凉鞋线描效果图（李珉璐　供稿）

（六）女式靴子

靴子，是指鞋帮高于踝骨以上的鞋（图4-14），其脚踝以上的帮面部分呈筒形结构，称为靴筒。从功能上来讲，靴筒具有保暖和腿部防护的作用。

1. 靴子绘制的相关概念及因素

（1）兜跟因素　所谓兜跟围长，即是指从后跟到舟上弯点的围度尺寸。在设计靴子时，兜跟因素是必须考虑的重要指标。人的脚腕部位灵活，且活动范围较大。在人体不同的动态下兜跟围度会发生明显的变化，人在坐姿、站姿和下蹲状态下，兜跟

图4-14　短靴

围长会次第增加。例如一个人站立时围长大约为320mm，下蹲时围长为335mm，那么两种姿态下兜跟围度就有15mm的差距。根据脚型规律，兜跟围通常大于脚长20mm左右，约等于跖围的131%。

脚后跟至脚腕处是人脚和腿部活动范围很大的部位。在设计筒靴时，务必要考虑

鞋的穿脱和人脚的基本动作、活动的方便性，所以兜跟围度是靴子设计的重要因素。

（2）脚腕　脚腕是连接小腿和脚之间最细的部位，该部位的活动非常频繁。人脚在不同的活动状态下，脚腕部位也会发生相应变化，例如脚掌往上翘起时脚腕处会产生明显的皱纹；而处于下蹲状态时，由于受力增加，脚腕部位会比站立时更粗一些。

所以，在设计靴子时，必须要根据脚体活动的特点，最好把鞋的前帮长度控制在脚腕之前，以免影响脚腕部位的活动，该部位设计不当则有可能造成鞋子磨脚的情况。

同时，脚腕部位也是高腰靴和筒靴的分界点。帮高在脚腕部位以下的称为高腰靴，在脚腕部位以上的称为短靴。

（3）腿肚　腿肚是小腿肌肉最发达、最粗的部位，也是中筒靴和高筒靴的分界点。

由于腿肚较粗，如果靴筒高度刚好设计在该部分，在视觉上会给人腿粗的感觉，所以在设计筒靴时，无论从功能或美观上考虑，都需要错开腿肚最凸点。

（4）膝下　指膝盖下方外侧的腓骨粗隆下沿点位置，也是设计高筒靴和过膝长靴的分界点。为了保证膝关节活动不受影响，需要避免在膝盖处断帮，要么在膝下位置，要么在膝盖以上部位。

（5）各特征部位的高度　根据脚型规律数据，可以对以上特征部位的高度总结如下：脚腕最细部位为脚底面向上 4 寸（13.32cm）高处，其高度等于脚长的 52.19%，宽度约为脚长的 1/3。腿肚最粗部位为脚底面向上 10 寸（33.33cm）高处，其高度等于脚长和后跷长度的 1/3、脚长的 121.88%。膝下部位为脚底面向上 12 寸（39.96cm）高处，高度为脚长的 154.02%，宽度略小于脚长的 1/2。

2．靴子的结构分析

（1）靴筒　靴筒是靴子的重要特征部位。靴筒的形态变化是以腿部的形态变化为基础的，在绘制效果图时，务必要根据脚腕和腿肚的围度、高度特征为依据，体现出靴筒各部位的造型变化。

（2）第二腰窝　在结构设计上，把脚腕部位称为足部的第二腰窝。因为此处较细，可以形成优美的曲线，在绘制效果图时，要找准第二腰窝对应的靴筒部位。

（3）筒口的围度和款式　筒口是指靴筒的口门，即脚穿进靴子时经过的靴口部位。

首先，在绘制效果图时，要注意体现筒口部位的围度。筒口围度会因为其高度、款式的不同而产生较大的变化。例如高腰靴和高筒靴的筒口粗细就会有明显的区别；在款式上，有拉链的修身鞋款会比宽松的休闲鞋款、没有拉链的"一脚蹬"款式的筒口部位更细。

其次，在效果图表现时，还必须注意体现出靴筒的款式。比如一款修身靴子的靴筒上没有绘制出拉链位，可能会导致生产环节的误解，最终成为无法穿着的废品，酿成损失。所以在绘制效果图时，务必要表现清楚款式与设计、结构与工艺的细节。

（4）靴筒造型与跟高的关系　在穿鞋状态下，由于鞋跟高度不同，脚部跗背的形态也会随之变化。跟越高，跗背也会因后跷高度的增加而抬高。也正因为如此，人在穿着高跟鞋的情况下会变得更加昂首挺胸、姿态挺拔。所以，高跟鞋的后跟、靴筒都会比平跟鞋的后跟、靴筒更靠前。

3. 平行透视角度下女式短筒靴的绘制步骤

由于增加了靴筒部位，所以靴子的形态一般都比较高，因此适合于采用平行透视角度进行展示和绘制，采用竖幅构图表现更为妥当。

（1）确定鞋底　　总体来讲，靴子的靴筒以下部位的鞋款画法与单鞋基本一致。

首先，可以画一条水平辅助线，在此基础上，根据鞋的头型、跟高等造型特点，确定靴子的前跷、后跷位置。鞋子的后跷越高，其前跷则会相应降低。在后跷线绘制中，注意体现后跷前 1/3 位置的腰窝凹点。

在前跷、后跷线的基础上，确定大底、中底的线条，如图 4-15（a）所示。

（2）绘制前帮　　与单鞋绘制的方法相同，确定跖趾线和跖趾点位。鞋跟越高，跖趾线与水平辅助线之间形成的角度就越小，反之则越大。

在以上基础上进一步确定前帮的轮廓线与内部结构，如图 4-15（b）所示。

（3）绘制跗背线　　要注意的是，在画跗背线时，要注意体现跗背的结构特点和特征部位，如跗骨突点的位置等，不能把跗背线处理成一条过度平滑而无任何特点的线条。

如前所述，跗背线的形态与后跷高度有很大的关系，所以在绘制时必须观照它与后跷线的角度，保证鞋的跗围合理、科学。同时，还需注意后跟高度与跗背高点位置的关系：鞋跟越高，跗背高点越加靠前。

（a）确定鞋底造型

（b）绘制前帮

（c）绘制跗背线靴筒

（d）绘制鞋跟，完善造型

图4-15　女士靴子线描效果图（李珉璐　供稿）

（4）绘制后跟　后跟绘制的方法与单鞋基本相同。只是在效果图表现中需要注意体现兜跟围的大小，不能画得太大或太小，否则实穿功能和视觉比例上都会受影响。

同时，还需注意根据鞋跟高度来确定后跟高点的横坐标。鞋跟越高，后跟高度越靠前，反之亦然。

（5）绘制靴筒　注意在绘制靴筒时，其形态一定要根据对应部位的腿部形态来理解。经过长期的观察和练习，可以逐步建立起来靴筒的概念。有的初学者容易把脚腕部位画得很长或很细，其比例并不科学，视觉效果上也比较别扭。

筒靴的口门可以根据靴子的高度、款式的变化进行设计，但要注意鞋的美观性与结构的合理性。

（6）鞋跟　与之前所讲的鞋跟绘制方法相同。

（7）完善靴子造型，处理鞋款各部位的细节。

（8）整体调整，收拾画面。

（七）男式正装鞋

1. 造型与结构特点

从普遍意义上来说，男性对服饰品的购买欲明显低于女性。男性和女性对服饰的消费态度也有所区别：爱美是女人的天性，大多数女性对于服饰的款式、流行性、外观设计和品牌尤为关注；男性则可能更关注服饰的性价比、舒适性、品质，甚至是品牌。男性和女性对鞋品的选择与需求也同样符合上述特点。

与女式正装鞋比较起来，男式正装鞋虽然在穿着场合、穿用者的气质衬托等方面有一定的共同性，但也有明显的区别：女式正装鞋简约、大气的设计一方面体现了女性干练、利落的形象，同时上大下小的结构、鞋跟高度及跗背线的变化也很好地体现了女性脚体的曲线美；而男式正装鞋的设计则是在塑造简洁、商务的基本造型之外，更多地追求男性稳健、庄重和品质感的形象呈现。因此，男鞋的帮面与鞋底的总体结构呈现出上小下大（鞋底较帮面更宽）的特点，给人以大气、稳定的视觉感。当然，从鞋的受力分布来看，这样的结构设计，稳定性要高于上大下小的结构，当然其舒适度也更高。

2. 男士正装鞋的外观设计分析

总体来讲，相比于女鞋，男鞋在造型的变化与丰富性方面较弱，在头型、款式、色彩及装饰元素等方面均是如此，所以女鞋的流行性更强。

与女式正装鞋相比，男正装鞋也同样具有成型好、线条流畅的特点（图4-16）。不同的是：男正装鞋的线条虽然流畅，但由于是低跟鞋，其线条的起伏明显不如女式正

图4-16　托德斯品牌男士正装鞋

装鞋的变化大；为了体现男性庄重、内敛的气质，男式正装鞋的造型与线条会追求一种"阳刚感"；再者，由于男鞋的鞋头、鞋跟及结构与款式方面的变化本身就不如女鞋丰富多变；最后，由于男式正装鞋的成型效果要求挺括感，所以制鞋时会在帮内加衬，以使其造型更挺拔、硬朗。正是以上几种因素共同塑造了男鞋沉稳、庄重的视觉印象。

3. 男士正装鞋的面料特点与配饰

由于正装鞋的穿用场合和造型特点，一般在面料的选择上变化较小，通常选用粒面革、压花革、漆革以及鳄鱼革、鸵鸟革、蛇革等珍稀动物皮革为主，或是选用以上面料的组合搭配。

在男式正装鞋设计中，配饰的运用不算广泛。如果采用配饰，则应选择精致、大气、不张扬、有品质感的装饰元素，如小而精致的金属配饰等。其装饰的部位往往会成为鞋款设计的视觉中心点，一般在鞋舌或者鞋舌靠外怀处，但也不一而足。

正装风格的男鞋以体现男性的商务气质为首要任务，但也可以在一定程度上进行少量的设计变化，例如结合休闲风格、复古风格，或是借鉴经典款式、时尚元素中的精髓，赋予男式正装鞋一定的个性化元素和设计变化的可能性。但对变化的程度和"量"的把握非常重要，稍有不慎就可能超越正装鞋的范畴。

4. 绘制男式正装鞋的线条表现

在男鞋尤其是男式正装鞋的绘制中，有一点非常重要的因素：线条的表现效果。很多初学者在初次画男鞋的时候都容易表现得像女鞋一样，一方面是由于鞋子的结构、宽度没有把握好，另一个主要的原因就是没有把握好男鞋的线条效果。

在主流的审美观点中，男性美和女性美是有明显的差异的，被大多数人欣赏的男性特质是雄健有力、刚毅强壮；而女性美则更多被认为是青春窈窕、温柔矜持。因此，遵循这种性别定位的审美倾向，男鞋和女鞋的审美自然也会存在差异：男鞋沉稳庄重，女鞋美丽优雅。因此，在线条的表现上也要遵循这一规则。我们在绘制女鞋的线描效果图时，侧重于强调线条的流畅、优雅；而在绘制男式正装鞋的线描效果图时，则更需要体现其刚毅、稳健的感觉，所以在线条的表现上应该更扎实、有力；即便是曲线的部分，也要有意识地强调线条的力度感，体现出"曲中带直"的线条特征。

5. 平行透视角度下男式正装鞋的绘制步骤

（1）男女鞋的基本差异　从脚型规律可以知道，成年男性要比同龄成年女性的脚更大、跖围更宽。因此，在绘制男鞋时，要注意体现出这一基本特点。很多初学者在这一问题上把握不好，导致画出来的男鞋线条跟女鞋差不多，体现不出差别。

男式正装鞋的结构特征和长宽比例与女鞋有非常明显的区别，在勾勒线描效果图时一定要多观察和体会，在作画过程中务必随时提醒自己注意这一问题。

（2）绘制鞋底　绘制一条水平辅助线，并在此基础上勾勒出男鞋的鞋底。在结构的理解上，要注意观察男鞋的前跷和后跷的造型特征，以及以第五跖趾关节为分界点的前后比例关系。根据其头型特点，基本可以将男式正装鞋的前、后跷比例确定在5.5：4.5～4.5：5.5。

其次，在绘制时，要注意体现鞋的前、后跷度。由于男鞋的跟高基本在2cm左右，绘制时要结合鞋头的头型特点来确定前跷形态；因为鞋跟高度的关系，在绘制时务必注意后跷线的高度体现，尤其是腰窝处的形态更要特别注意：很多人习惯于在女鞋后跷线腰窝处画出优美的弧线效果，所以在绘制男鞋时，仍然不自觉地运用在腰窝处，过分追求线条的曲线美和窄、瘦的感觉。这样处理不仅使形态不准确，也很容易使男鞋看起来很女性化。

再次，由于男鞋具有"上窄下宽"的特点，所以要注意体现整个鞋底的宽度，千万不要像绘制女鞋一样，表现为"上宽下窄"的关系。

与女式正装鞋相同，男式正装鞋也是片底结构，但后者的鞋底厚度较前者更大。因此，在绘制时需要注意体现大底和中底的厚度与宽度，且要把大底与楦底线的宽窄关系体现到位，如图4-17（a）所示。

（3）绘制帮面 一般来讲，男式正装鞋由于头型的设计，有较长的放余量，鞋头以方头、尖头居多。但是由于男鞋帮面较宽，所以不能把其头型表现得和同样的女鞋头型那么窄，否则在视觉上不协调，也不符合男鞋的审美趣味。

由于男鞋的后跷较低，且宽度也较女鞋更宽，因此所有的线条都比较平缓，在帮面绘制的过程中，务必要注意体现这一特点，不要人为地表现一些夸张的弧度变化，同时也要注意体现"曲中带直"的线条特征，如图4-17（b）所示。

在结构的理解上，要注意观察男鞋的前后跷比例，以鞋舌为分界点的前后比例关系，包括鞋舌的形态和透视关系都是需要重点观照的部分。

（4）鞋跟 在鞋跟的形态表现上，由于鞋跟很低，其后容差较小，所以也没有女鞋后跟那么明显的弧度感，在绘制时要在理解的前提下去画。

在鞋跟的绘制上，要注意控制鞋跟高度。同时要特别注意鞋跟的长度体现，男鞋鞋跟与女鞋鞋跟区别较大，不仅宽度随鞋底加宽，且其长度也明显增长，如图4-17（c）所示。部分初学者很容易在这个问题上犯错，导致画出来的男鞋造型很别扭。

在鞋跟的踵心点和落地点定位的方法上，可按照之前讲的女鞋绘制方法来确定。

（5）配饰和鞋带 如有配饰或鞋带，需要尽量体现其细节和立体感。因为男鞋的装饰元素很少，所以要抓住仅有的重要造型细节，把鞋款表现得更为精细、到位。

（6）完善男鞋造型，处理鞋款各部位的细节，如图4-17（d）所示。

（7）针车线绘制 由于男鞋的帮面结构起伏变化较之女鞋更为舒缓，体量感也较大，因此绘制针车线时要注意线条的方向须跟随帮面结构的转折而转折；同时，为了体现男鞋造型的扎实感和阳刚感，往往在运笔上会更重一些。

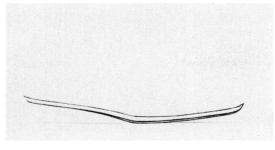

（a）鞋底造型

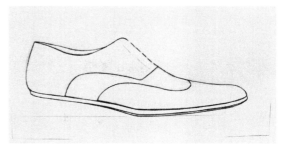

（b）确定帮面主要结构

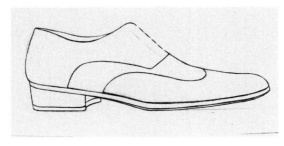

（c）确定鞋跟形态

（d）绘制配饰、鞋带，整体调整画面

图4-17　男式正装鞋线描效果图（李珉璐　供稿）

（8）整体调整，收拾画面。

务必注意男鞋线条是否表现出"曲中带直"的视觉效果，是否能很好地体现男性服饰的审美特点。

6. 成角透视角度下男式正装鞋的绘制步骤

由于男鞋的宽度本身较宽，在成角透视状态下，其前帮宽度变化更加明显，在绘制时要注意其前后宽度的差异，根据成角透视的角度大小进行体现。

在男鞋成角透视的绘制方法上，与女鞋成角透视相同。在绘制时注意体现线条特点和结构特征、比例关系即可。

（1）绘制辅助形框架　采用画辅助立方体的方法确定前底的基本框架，在此基础上连接绘制后底框架，如图4-18（a）所示。

（2）绘制鞋底　在第一步的基础上，绘制出鞋底的大体形态，并细分出大底、中底的高度和宽度，如图4-18（b）所示。

（3）绘制帮面　这一步中务必注意前后的比例关系。既要体现成角透视近大远小的规律，但也不能过度夸张导致鞋款比例变形，如图4-18（c）所示。

同时，由于透视的原因，鞋子后跟的弧度较平行透视更小。

（4）绘制鞋跟　在成角透视的关系下，鞋跟长度会略有收缩，如图4-18（d）所示。

（5）绘制配饰和鞋带。

（6）完善男鞋造型，处理鞋款各部位的细节。

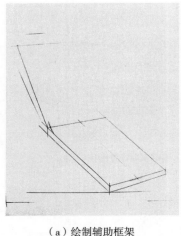
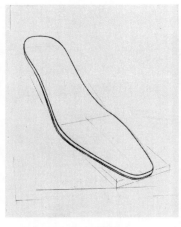

（a）绘制辅助框架　　　　　　　（b）完成鞋底　　　　　　　（c）绘制帮面

（d）绘制鞋跟　　　　　　　（e）绘制针车线、完善画面

图4-18　成角透视角度下男式正装鞋线描效果图（李珉璐　供稿）

（7）针车线绘制　注意根据远近关系和其所在位置的重要性表现出针车线的层次感，如图 4-18（e）所示。

（8）整体调整，收拾画面。

（八）童鞋

1. 儿童的脚型特征与规律

儿童的脚尚处于生长发育的过程中，还未完全定型，脚踝稚嫩娇弱，而且儿童天性好动，脚部力量弱小，走路稳定性差，容易出汗，所以更需要注意足部的保护。年龄越小的儿童，其脚的长度和宽度增长速度越快。处于 1~4 岁年龄段的孩子，其脚长的年增长量约为 10mm，跖围年增长量约为 9mm；4 岁以后，脚长与跖围年增长量逐年减小。12~13 岁的儿童，脚长的年增长量约为 7mm，跖围的年增长量约为 6mm。

初生婴儿的脚型多为平脚，随着年龄增长会逐渐发育，形成正常的足弓。儿童脚的前掌较后部宽大，脚趾呈分散状。儿童足部的皮肤非常娇嫩，在婴儿期和小童期，男、女脚型基本相同，随着年龄增长才会逐步显现出性别的差异。

图4-19　梅丽莎品牌"果冻鞋"

2. 童鞋的造型与结构特点

童鞋设计必须以儿童的脚型规律和特征为依据。首先，由于儿童的足弓比较平、尚未发育成熟，所以在鞋的腰窝处不能太窄、太瘦，造成挤脚的情况，但是也不能过肥，如果没有较好的承托作用，也容易影响足弓的形成。其次，由于儿童脚趾比较分散，所以在鞋头设计上应以大圆头造型为妥（图4-19）。儿童天性活泼好动，喜欢蹦蹦跳跳，恰当的放余量，不仅有利于脚体在鞋腔中的运动，同时也能够保证孩子的足部发育空间。但是，也必须纠正一个误区，部分人认为孩子的鞋应该买大一点，这样可以适应孩子足部生长，不浪费，可以穿用得更久。实际上过长的鞋同样也会影响孩子的足部发育。给儿童穿用不合脚或设计不合理的鞋，会对其足部发育造成不同程度的伤害。

童鞋的帮面设计分割也不宜过分繁琐，复杂的帮面分割必然存在复杂的缝合现象，这对于天性爱动的儿童来讲，容易造成磨脚、穿着不舒适等不良效果。

因为儿童大都还没有自己穿脱鞋的能力，基本都是在家长的辅助下进行，如果开闭功能不合理，就会在穿脱时引起不必要的麻烦，而且过小的开口也会影响到鞋的舒适性能。一般采用一脚蹬、摁扣式、粘扣式比较妥当，最好不要采用系带式，以免鞋带松开之后影响儿童运动甚至摔倒，如果必须采用条带则最好采用有一定弹力的松紧带，把鞋带的两端在帮面上固定好，免去系带和脱落的麻烦；鞋带宽度宜宽不宜窄，因为儿童皮肤娇嫩，过窄的条带容易造成勒伤。

童鞋的缚脚性一定要好，所以设计时后帮中缝高度要略高一点，口门的位置也应靠后一些。儿童的运动量特别大，略高的后帮高度有利于提高鞋的跟脚性，以防止在行走过程中因为鞋不跟脚而摔倒或形成不良的走路姿势。鞋号的大小要适宜，不能过大或过小，以免在运动时因为鞋不合适而摔倒或引发各种脚疾。

童鞋鞋底的厚度设计要合理。对于刚学会走路或走路还不稳的儿童来说，鞋底的安全性尤为重要。首先是鞋底的厚度要适宜，因为儿童的双腿力量尚小，在行走过程中也不习惯将脚抬到足够高度。鞋底过厚也会影响他们对于地面凹凸程度的判断，因此童鞋鞋底纹样设计要有良好的防滑性。

3. 童鞋线描效果图的绘制要点

童鞋的鞋头造型变化较小，基本以大圆头为主。因此，鞋的前跷和后跷比例比较接近天然的脚型特征，前后比例一般控制在4：6到4.5：5.5比较妥当。

较之成年人的脚型特征，儿童脚部长宽比差异小，所以在绘制线描效果图时，务必注意鞋的宽度要恰当，很多初学者容易按照成人鞋的画法，习惯性地拉大长宽比，画出来的童鞋就像是缩小版的成人鞋，这样的理解和画法都是不合理的。

同时还需要注意根据儿童脚型的特点，童鞋的腰窝部位不宜收得过紧。

童鞋效果图的用线需要体现出鞋款的造型特点，线条的表现应体现出轻松活泼、天真可爱的童趣感，线条处理应灵动，富于变化。

4．平行透视角度下童鞋的绘制步骤

总体来讲，童鞋的绘画方法与成人鞋并无根本性的差别，主要是造型和线条的处理要得当。

（1）绘制鞋底、鞋跟　画一条水平辅助线，并在此基础上，确定前跷、后跷的长度比例，童鞋鞋头基本以大圆头为主，因此鞋头放余量较短，注意在绘画过程中进行合理的表现。由于儿童足弓不明显，腰窝部分应该适当放宽，弧度不要太凸出。在前跷、后跷线的基础上，确定大底、中底的线条。根据鞋的种类不同，如运动鞋、皮鞋等，童鞋的帮面和底的大小关系基本上以帮底宽度相同或"上窄下宽"两种情况为主，如图4-20（a）所示。

相较于成人鞋，童鞋的鞋跟都很低，且鞋跟的宽度和长度也较大，这是基于童鞋的稳定性考虑的。但是其落地点和踵心点的确定方法并无二致，在绘制时仍然需要遵循这一规律。

（2）绘制帮面　由于儿童的脚比较短，鞋的长宽比例差别比成人鞋小很多，儿童的脚趾也相对分散，年龄越小越明显。因此在绘制时，首先要确定其适穿的年龄段，并据此确定童鞋的长度、宽度关系。切忌将儿童鞋的长宽比例按照成人鞋的同比例缩小来完成，这样比例的鞋根本不符合儿童的脚型规律，会造成足部的变形及各种足疾。

首先确定跖趾线和跖趾点位。童鞋头型基本以大圆头为主，放余量变化不大，因此跖趾点位到前脸的长度相对尖头鞋鞋头更短。确定这两个部位以后，再进一步确定前帮的轮廓线。

要注意的是，在画跗背线时，要注意体现跗背的结构特点和特征部位，如跗骨突点的位置等，不能把跗背线处理成一条过度平滑而无任何特点的线条。

如前所述，跗背线的形态与后跷高度有很大的关系，所以在绘制时必须观照它与后跷线的角度，保证鞋的跗围合理、科学，如图4-20（b）所示。同时，还需注意后跟高度与跗背高点位置的关系：鞋跟越高，跗背高点越加靠前。

在绘制口门线的时候，也可以通过前面讲授的方法：先确定后帮控制线，并在此基础上画出口门线。

由于童鞋的鞋跟都是平跟鞋，鞋跟高度均在2cm以下，因此后跟的形态比较接近自然的脚型，不会出现过大的弧度，在表现时需注意区别于鞋跟较高的鞋。当然，也有一些童鞋的设计为了时髦、新潮，故意加高了童鞋鞋跟，这是非常不可取的，对于儿童的脚型发育有百害而无一利。

（3）完善童鞋的造型，处理鞋款各部位的细节　在童鞋线描效果图绘制中，一定要注意利用线条的表现力去体现鞋款的造型风格和设计趣味。线条表现应该灵动活泼，具有变化性和丰富性。

（4）绘制针车线　完成以上部分工作以后，再绘制针车线，一定多留意线条的变化。

（5）整体调整，收拾画面　从整体角度对画面进行观察与调整，进一步完善，如图4-20（c）所示。

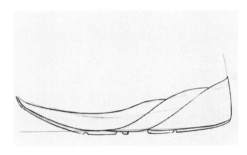

（a）绘制鞋底、鞋跟

（b）绘制帮面

（c）绘制细节、完善造型

图4-20　童鞋线描效果图（李珉璐　供稿）

5. 成角透视角度下童鞋的绘制步骤

（1）确定辅助形框架　采用画辅助立方体的方法确定前底的基本框架，在此基础上连接绘制后底框架。

（2）绘制鞋底、鞋跟　绘制出鞋底的大体形态，并细分出大底、中底的高度和宽度。

相较成人鞋，童鞋的前后宽度比差别略小，所以在成角透视中要注意前后的透视关系表现要合理，前后变化不能过大。

在成角透视的关系下，鞋跟长度会略有收缩，如图 4-21（a）所示。

（3）绘制帮面　这一步要注意前后的比例关系。同样要注意鞋的前后段比例和透视关系不能过分夸大。由于透视变化，童鞋后跟的弧度会比较小，如图 4-21（b）所示。

（4）完善鞋款造型，处理各部位的细节。

（5）针车线绘制　注意根据远近关系和其所在位置的重要性表现出针车线的层次感。

（6）整体调整，收拾画面，如图 4-21（c）所示。

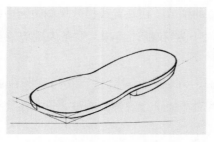
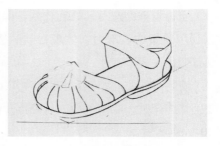

（a）确定辅助框架、绘制鞋底造型　　　　　　　（b）绘制帮面造型

（c）绘制细节、完善造型

图4-21　成角透视角度下童鞋线描效果图（李珉璐　供稿）

（九）运动鞋

运动鞋，顾名思义，是根据人们的运动需求特点而设计的鞋类（图4-22）。但需要引起注意的是，近年来，随着人们对服饰品舒适度的重视，运动鞋越来越深入到消费者的生活中，已不仅仅限于在运动场合穿用。因此，运动鞋的时装化、时尚化趋势愈演愈烈，很多品牌邀请娱乐明星代言、参与设计，或推出限量款、高端设计产

图4-22　Adidas YEEZY BOOST 350

品线；或引入高科技元素，提升舒适度，形成品牌核心专利技术等。

运动鞋的鞋底和普通皮鞋、胶鞋不同，一般都是柔软而富有弹性的，能起一定的缓冲作用，运动时能增强弹性，有的还能防止脚踝受伤。

1. 运动鞋的基本造型特点

（1）运动鞋的分类　运动鞋是一个很大的品类，其中包含了球类运动鞋、田径运动鞋、户外运动鞋和休闲运动鞋等。球类运动鞋又分为篮球鞋、足球鞋、排球鞋、乒乓球鞋、羽毛球鞋、网球鞋和高尔夫球鞋等不同的鞋品种类。田径运动鞋又包含了速跑鞋、慢跑鞋、长跑鞋、跳高鞋、投掷鞋等。户外运动鞋也可以分为登山鞋、越野鞋、自行车鞋、滑板鞋、旅游鞋、酷跑鞋、沙滩鞋、溯溪鞋等。休闲运动鞋大致可以分为综合训练鞋、轮滑鞋、搏击鞋、板鞋、休闲鞋等品类。

运动鞋行业发展到今天，各种鞋类品种已经非常细分化。不仅仅是品类之间，甚

至同一品类的鞋，也会根据运动的特点与需求进行针对性的分化和设计，例如在篮球鞋的设计中，可以根据穿用者在球场上的位置进行分别设计，如后卫篮球鞋的设计，根据后卫在球场上的运动特点，一般选用质量轻盈的鞋材，在结构上注重鞋的稳定性设计，并选用防滑、耐磨的鞋底材质；而中锋篮球鞋的设计则需要针对中锋球员在场上的抢篮板、身体扭转、倒球等运动特点，在球鞋的设计上更强调鞋的弹跳性与减震性，以及鞋身的抗翻转性、脚踝减震性等功能。

因此，运动鞋设计师一方面需要掌握鞋材、工艺、新材料、流行趋势，另一方面还需要针对所设计的具体运动鞋品类进行细致的研究，才能设计出符合消费者运动需求的产品。

（2）楦型　运动鞋的造型丰富，头型主要有圆头式、方圆头式和尖头式、方头式等。圆头式运动鞋楦大多用于跑步训练鞋、网球训练鞋、足球鞋；而方头式运动鞋楦一般用于自行车比赛鞋，属于较典型的专项运动鞋楦；方圆头式运动鞋楦一般用于球类运动鞋，如篮球鞋等，因为篮球运动中弹跳动作较多，鞋的前尖在落地时受力，因此对鞋的稳定性要求较高。尖头式运动鞋楦一般用于专项田径比赛鞋类。总体来讲，圆头和方圆头的运动鞋较为普遍。

（3）运动鞋帮面造型　运动鞋与常规品类的皮鞋在造型元素上有较大差别。除了鞋楦和鞋底的差异，在帮面的面料、配饰、辅料、设计分割与色彩搭配等方面均有很大的差别。

运动鞋的前帮造型可以分为开放式、C形、T形、D形、鼻形等基本形态。运动鞋的统口造型根据鞋峰的造型不同，可以分为平峰、单峰和双峰几种。运动鞋的后帮造型也各不相同，根据其高度可以分为高帮、中帮、低帮三类。

（4）大底形态　运动鞋的鞋底设计对鞋的舒适度影响很大。很多舒适度较高的运动鞋或者功能性运动鞋的鞋底上都采用了不同的材料、结构性装置以提升鞋的性能，起到缓冲、减震、能量回归等作用。

运动鞋的鞋底均为成型底，其造型有平跟底、坡跟底、中跟悬空底等，部分运动鞋因为运动的需要，还会在鞋底上设计钉、耙等装置，例如足球鞋。一些特殊运动鞋，其大底还会安装滑轮、冰刀和铁架等功能性的装置。

（5）大底花纹　运动鞋的鞋底设计非常重要。在运动过程中，鞋底的防滑性非常重要，不同运动对鞋底摩擦力的要求也不尽相同。从图案构成形式来讲，运动鞋的鞋底图案有二方连续、四方连续等，当然也有一些独立、自由的图案纹样。

（6）鞋围墙　运动鞋中围墙的使用相当普遍，在各类休闲运动鞋和户外运动鞋中尤其如此。运动鞋围墙的造型丰富、花样繁多。设计师可以根据运动鞋的造型风格和运动特点进行设计变化。

2. 运动鞋的设计元素

（1）运动鞋的线条设计与表现　运动鞋的设计中会运用到很多线条，有单线、双线、假线、明线、虚线、轮廓线、棱线、接缝线、装饰线等。其线条的种类繁多、形式多样，在鞋类各部件中的运用范围也很广。不过总体来讲，这些线条基本以曲线为主，直线则较少，究其原因，一方面是因为脚体的曲面形态，运动鞋的设计也必须根据脚体曲线变化而来；另一方面，运动鞋的设计很重视体现鞋款的运动感和流线型设计，这一点也与曲线的视觉美感不谋而合。

运动鞋设计中有各类结构线线条、装饰性线条、立体的线条如鞋带等也需要分析其重要性并给予合理的表现。作画者在表现时首先要认清线条的作用，分清主次结构线、内外结构线，并根据线条的主次关系、远近关系，在表现时要区别对待，做到主次有别、层次分别、轻重得当，虚实有度。否则，就会形成一堆不明主次的线条，反而显得混乱、庞杂。

最后，运动鞋的用线应尽量采用灵动、富于曲线变化的线条进行绘制，切忌僵硬、死板。

（2）运动鞋的装饰元素 在运动鞋的设计中，图案、文字、标识、金属和塑料部件等都可作为鞋的装饰材料，其装饰的部位也比较自由、灵活，不过总体来讲，在中帮、后跟部位运用较为普遍；一般来讲，运动鞋的装饰效果以追求醒目、动感、时尚为主（图4-23）。

图4-23 耐克NIKEAIR PRESTO
联名男士运动鞋

（3）色彩特点 运动鞋的色彩设计应该根据产品的设计风格、色彩流行趋势进行定位。成功的运动鞋色彩设计，能够提升运动的观赏性和娱乐性。在运动鞋时装化的趋势下，好的色彩设计能够成为带动消费趋势的有力武器，例如，风靡一时的"小白鞋"就是以鞋的造型设计应该说主要就是以其色彩成为鞋类消费市场的亮点。

3. 运动鞋的材料

运动鞋的材料选择非常广泛，无论是传统的真皮面料，或是人造革的运用都很普遍，此外，纺织材料、合成材料也得到大量的运用。

运动鞋的大底材料除了橡胶、聚氨酯（PU）、聚氯乙烯（PVC）以外，还大量使用乙烯－醋酸乙烯共聚物（EVA）、热塑性橡胶材料（TPR）、苯乙烯系热塑性弹性体（SBS）等各种热塑性弹性体、高分子复合材料、功能材料。

运动鞋辅料如各类金属部件、塑料部件的运用也非常多。尤为显著的是，随着运动鞋的功能性研究与开发，也催生了诸多新品种鞋材的研发，推进了运动鞋产品的深化设计。

4．运动鞋的造型特点

运动鞋鞋楦与皮鞋鞋楦有明显差异：为了便于脚部的运动，保证运动的舒适性，运动鞋楦主要以平跟为主，坡跟相对较少，而高跟则更为少见。因此，运动鞋前后跷的跷度都接近于人脚的自然跷度，变化较小。

同时为了保证运动鞋穿着的舒适度，提高鞋腔的容脚能力，运动鞋鞋楦的楦型都比较饱满，其跖围、跗围、兜跟围度都较之皮鞋更大。也因此，运动鞋腰窝部位的弧度变化也比较小。总体来讲，运动鞋鞋楦的楦底跷度曲线变化比较平缓。

普遍来讲，除了几类特定运动项目的鞋头以外，大多数运动鞋的鞋头都相对较宽，所以前脸放余量都不需太长，前后比例可以确定在4：6到5：5之间。

5．平行透视角度下男式篮球鞋的绘制

大多数运动鞋的造型相较于皮鞋会复杂很多，其造型、结构与面料等因素上的细节较多，因此，在运动鞋线描效果图的绘制方法和步骤上，与之前提及的画法会有所区别。

（1）绘制鞋底　在起稿时，可以先绘制一条水平辅助线，在此基础上确定前后跷的比例和跷度。篮球鞋的鞋头较宽，以便于抓地起跳，鞋头以方头及圆头居多。因此前后跷的比例关系也接近脚体，前后比例基本在前4后6及前5后5的范围。

篮球鞋的前跷跷度与人的脚型规律相近。由于腰窝较宽，因此该部位也显得比较平缓，所以后跷的曲度变化也比较小。

在上述基础上，可以进一步确定鞋的长宽比例，由于运动鞋容脚能力要求，其鞋底较宽，较之皮鞋，各个围度都有所增加，如图4-24（a）所示，所以在绘制时要注意把握鞋底宽度，切不可画得过窄，否则体现不出运动鞋的长宽比例特征。

（2）绘制帮面　首先确定鞋的跖围线，注意结合运动鞋的特点，一定要保证鞋的宽度和高度及各部分的围度关系，可以大致确定一下帮面上各重要部件、特征部位点的位置。然后结合之前确定的鞋底前端形态画出鞋头造型，两者间的形态一定要协调，在前帮的基本廓形基础上，根据跗骨突点的位置，进一步确定中帮的基本形态，进而完成后跟部位的造型，如图4-24（b）所示。

（3）进一步完善造型与款式　由于运动鞋的造型与结构较为复杂，在初步绘制鞋底与帮面的基本造型及其准确性之后，还需要进一步确定各部位的分割关系，根据其主、次及透视关系进一步完善各部位的造型。

（4）细节关系表达　在准确表现鞋款造型与款式的基础上，根据各部位在整体关系中的地位和作用，进一步完善细节关系。例如在必要的情况下，表现出某些部件的细节和厚度，如图4-24（c）所示。

（5）材质的表现　运动鞋的材质很丰富，在线描效果图中，虽然不能使用色彩和其他的表现技法，但也可以通过线条的方式对其进行一定程度上的表现。某些面料的表现可以通过线条的走向、交叉或是褶皱线等去体现其肌理效果、软硬感和材质特点。

（6）线条表现　总体来说，篮球鞋的线条效果应该遵循运动鞋的线条表现要求：运用轻快、流畅、动感、紧致、有弹性感的线条去体现。同时，由于篮球鞋自身的造型特点，在表现时要兼顾其稳定、敦实、肥壮的视觉特征。

（7）针车线处理　篮球鞋的针车线较多，要注意根据其主次关系和重要性进行表现，切勿平均对待，否则会与实线的部分产生违和感。

（8）整体调整，收拾画面　根据画面情况，从整体关系上进行调整，进一步完善，如图4-24（d）所示。

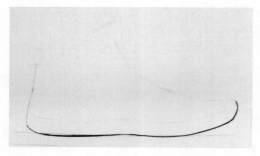

（a）确定运动鞋鞋底及廓形

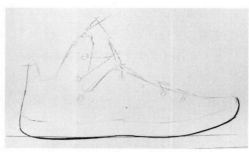

（b）帮面各部位的基本关系

（c）进一步完善造型

（d）绘制针车线、完善细节，收拾画面

图4-24　男式篮球鞋线描效果图（李珉璐　供稿）

6. 成角透视角度下女式休闲运动鞋的绘制

（1）根据透视角度绘制基本框架　确定透视角度和鞋的长宽比例。在此基础上为前帮绘制出辅助立方体，进一步确定跖趾线，并建立后帮框架，如图4-25（a）所示。

（2）绘制鞋底　在辅助框架的基础上，完成鞋底的绘制。注意体现透视关系，确定鞋底的厚度及其基本结构，如图4-25（b）所示。

（3）绘制帮面　首先确定跖围线的宽度与位置。一般来讲，女式综训运动鞋的材质比较轻薄，围度相对其他运动鞋略瘦。

注意把握好宽度和高度比例，确定帮面上各重要部位、特征部位点的位置。依次确定鞋头、中帮和后帮造型，如图4-25（c）所示。

（4）进一步确定造型与款式，完善细节　根据各部位在整体关系中的地位和作用，完善细节。

（5）材质的表现　在必要的情况下，可以运用线条表现部分材质效果。以提升效果图的细节感。

（6）线条表现　女子综训鞋的线条宜体现出其轻快、流畅、优美、动感的特质。

（7）针车线处理。

（8）整体调整，收拾画面　根据画面情况，从整体关系上进行调整，进一步完善，如图4-25（d）所示。

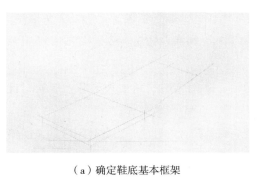

（a）确定鞋底基本框架

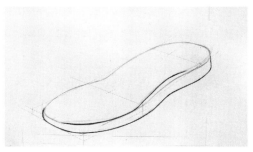

（b）完成鞋底绘制

（c）确定帮面基本比例、结构关系

（d）完成材质、线条的表现，收拾画面

图4-25　女士休闲运动鞋线描效果图（李珉璐　供稿）

（十）休闲鞋

1. 休闲鞋与正装鞋的区别

休闲鞋的穿着场合与正装鞋不同，从字面上来理解应该是在休闲的、非正式场合穿用的鞋。因此，人们穿着休闲鞋更多的是追求一种舒适、放松、甚至慵懒、随性的状态。所以，休闲鞋在造型特点、设计风格、面料与色彩的设计上更为丰富多彩、变化多端。

2. 休闲鞋的造型特点

（1）整体造型特点　由于着装场合、时间、地点的原因，休闲鞋无须追求正装鞋那样挺括的成型感和正式感。因此，在造型上的变化空间非常大，且在材料、结构设计与色彩运用方面也几乎没有限制，所以，在不影响穿着功能的情况下，其结构线、款式线变化的自由度和可能性很多。

（2）色彩　总体而言，休闲鞋的色彩搭配空间很大，可以为单色、双色以及多色搭配，色彩各属性的运用空间也更大。配色效果可以更活跃、对比度更大，色彩的组合变化也更丰富。

（3）面料和配饰　休闲鞋的材质运用选择面更加丰富，可变性很大。基本没有明确的限制。

（4）工艺　休闲鞋设计中，可以根据产品的设计风格与定位，采用多种制鞋及装饰工艺，且在运用范围上更加广泛、深入。

（5）整体的线条感　休闲鞋的鞋跟一般都比较低，鞋头也较少运用长尖头造型。因此，在整体造型上线条的走势较正装鞋更加柔和、圆润，轻快。

3. 休闲鞋的结构特点

休闲鞋楦的造型非常丰富多变。整体而言，休闲鞋的线条更为柔和、舒展、自由，富于变化。

无论男、女款休闲鞋，都可以采用成型鞋底或是较宽的鞋底，因此休闲鞋的宽度较正装鞋更加宽松、舒适。鞋头款式更为多样化；腰窝部位放宽，鞋腔空间增加，足部活动空间也随之增强；可以采用衬里、半衬或无衬的方式，使鞋帮更为轻薄、贴合。鞋跟的造型丰富多变，且稳定感好，穿着起来舒适、轻松。

4. 休闲鞋的设计元素

相较于正装鞋的商务功能，休闲鞋的选择更加个人化，更为自由、随性。因此在设计元素和设计风格的定位上没有什么约束。设计师可以根据品牌和产品的定位选用恰当的设计元素即可。无论是偏正装格调的元素，或是自然主义、环保主义的休闲格调；或是年轻、活泼、可爱的风格，或是运动元素、时尚炫酷的休闲趣味，又或者是经典复古的怀旧感、紧跟流行趋势的潮流感等，都可以营造出各不相同的休闲鞋产品。

5. 休闲鞋效果图的绘制要点

休闲鞋的造型具有天然的亲和力，根据其造型设计与结构特点。休闲鞋的前跷、后跷比例基本可以确定在 4∶4 和 5.5∶4.5 之间。由于其结构相对宽松，可以把鞋的宽度适当放宽。尤其需要注意的是休闲鞋的鞋底造型与工艺运用非常丰富，我们在分析帮面的宽度与结构时必须联系鞋底的特点进行考虑。

在休闲鞋线描效果图绘制中，线条表现应投射出更为随性、放松、随和的气息。

6. 平行透视角度下女式休闲鞋的绘制

（1）起稿　先画一条水平辅助线，确定前跷线和后跷线之间的比例关系，并在辅助线基础上将之绘制出来。

（2）绘制鞋底　在第一步的基础上，进一步细分鞋的大底和中底形态，如图 4-26（a）所示。

（3）绘制帮面　休闲鞋的帮面设计变化较大，在结构上也各不相同。

但在线描效果图绘制过程中，仍然要遵循先确定跖围线的方法，继而确定鞋的宽度和高度比例。一步步完成鞋头、中帮、后帮的绘制。一般来讲，休闲鞋的腰窝部位可适当放宽，鞋跟不高的情况下，后容差相对较小，也无须把后跟弧度画得太大，如图4-26（b）所示。

如果有口门线的鞋款，仍然可以通过前面讲述的方法找到后帮控制线位置，然后在此基础上绘制口门线。

（4）绘制鞋跟　如果是有鞋跟的款式，仍然可以根据前面提及的方法确定鞋跟的落地点及踵心点位。需要注意的是，休闲鞋的鞋跟造型变化较大，应该进行针对性的分析。

（5）细节表现　在确定基本造型的前提下，对鞋款的设计细节进一步完善。注意运用线条的表现力体现休闲鞋的风格与特点。

（6）绘制针车线。

（7）整体调整，收拾画面，从整体关系上把握画面效果，如图4-26（c）所示。

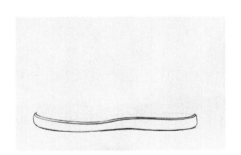

（a）确定鞋底形态

（b）确定帮面基本造型、比例关系

（c）完善细节，整体调整，收拾画面

图4-26　休闲鞋线描效果图（李珉璐　供稿）

7. 成角透视角度下女式休闲鞋的绘制

因前面已涉及成角透视及女款休闲鞋绘制方法，故此处步骤图省略。

（1）起稿（确定鞋底的辅助形）　根据需要表现的成角透视角度，绘制辅助立方体，注意根据鞋款的造型特点确定长宽比例及厚度。

在此基础上确定前底的辅助形，之后再绘制出后底的形态。需要注意的是，根据透视学近大远小的原理，在成角透视状态下，鞋的前段和后段比例（以第五跖关节为界）

会产生变化，后段在视觉上会产生收缩感；且还会因为跟高等因素，在其后确定后跷线时还会产生较大的弧度，所以不宜在画辅助线的时候把后段画得太长，否则就会失真。

最后，在确定后段辅助形时，一定要注意内怀第一跖趾关节的形态，按照脚型规律的数据比例关系，可以把前底辅助立方体的宽边分为三等份，后底线则与立方体的外 2/3 的形态相连，以保证鞋底前后比例的合理性。

通过以上方法，可以确定下来成角透视角度下鞋底的辅助形态。

（2）确定鞋底形态与结构　在第一步的基础上细分出鞋的大底、中底以及内底部分。注意鞋底后跟处的圆面透视关系。

（3）绘制帮面　完成鞋底的形态以后，找到鞋的跖趾线，确定鞋帮的宽度和高度。也可以根据需要确定鞋的背中线。在以上特征点位的基础上逐步绘制出鞋头、前帮、中帮和后帮。

（4）绘制鞋跟　根据踵心点点位，并结合成角透视的角度进行统一考量，确定鞋跟位置。

（5）细节表现　在确定鞋基本形态的前提下，对重要的设计细节进行表现。

（6）针车线绘制。

（7）整体调整，收拾画面　从整体关系进行理解，完善画面（图 4-27）。

图4-27　女式高帮休闲板鞋线描效果图（李珉璐　供稿）

（十一）其他鞋款绘制范例

以上提及的几种鞋款鞋类设计师经常接触，在市场中也是较为常见的。除此之外，根据不同的分类标准或款式还可以细分出更多的鞋类品种，例如布洛克鞋、德比鞋、穆

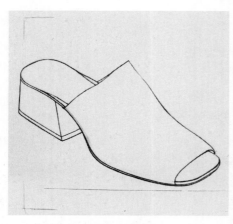

（a）女士穆勒鞋

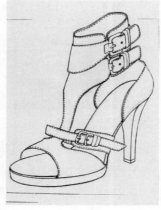

（b）女凉鞋

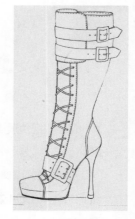

（c）女靴

图4-28　三种女鞋的线描效果图（李珉璐　供稿）

勒鞋、牛津鞋等。大家在绘制时，一定要先了解其结构特点、造型特点，再分析其视觉形象、比例关系，并结合前面讲解的方法完成，图4-28是三种鞋款的绘制范例。

三、鞋类线描效果图的学习建议与总结

首先，鞋类效果图的学习也是一个理论与实践之间并驾齐驱、相互促进的过程。如果只注重实践，忽略理论和方法的指引，会走很多弯路，学习效率大大降低；如果只注重理论，不动手实践，更是艺术设计课程学习的大忌，鞋类设计是实实在在的三维产品，如果不经过反复地揣摩、实践和调整，头脑里想象的形象也许和实际画出来、制作出来的产品差之千里。因此，建议大家重视本书前几章的理论知识与学习方法，结合本章中各类鞋款的绘画要点，加上通过一定数量和时间的实践，可以达到事半功倍的效果。

其次，鞋类效果图的学习也是一个循序渐进的过程。初学者可以根据自身的学习情况，采用临摹、默画、写生、创意设计、时尚鞋款及各类流行产品浏览与赏析等各种练习与学习形式相结合的方法，一方面可以整合以上各学习方法的优点，丰富学习手段，避免练习过程中的枯燥乏味；同时，也可以在线描效果图学习过程中结合色彩效果图的学习，不必完全等鞋的造型和线描水平很好以后再开始练习色彩效果图，这样可以增强学习的趣味性。两方面着手也可以加深体会，相互促进。

最后，鞋类效果图技法能力的提高是螺旋上升的过程。任何能力的习得都不可能一帆风顺。艺术类课程和艺术技法同样如此，不同的人都会有自己的短板，会在不同的地方遭遇障碍，但是经过一段时间的实践、思考和坚持就可以迈过一个坎，使能力得到进一步提升，继而再次前行，周而复始。所以学艺贵在"夏练三伏，冬练三九"，只有持之以恒，才有天道酬勤。

思考
与练习

1. 线条在鞋类效果图中的作用与意义是什么？并请举例说明。
2. 请设计一系列流行女鞋，具体包含单鞋、凉鞋、靴子，要求产品时尚、美观，能体现当下的流行元素，系列感强；线描效果图表现。
3. 请完成包含男鞋、女鞋、童鞋的系列亲子鞋类产品设计，线描效果图表现。

第五章
鞋类设计效果图的色彩
表现手法

第一节　色彩基础

一、概述

　　色彩设计是设计工作的重要环节之一。消费者在购买服饰品时，色彩是最直接的取舍因素，它决定了产品的第一印象。在消费学中有一个"7秒钟原则"，即消费者在选购产品的过程中，在前7秒就会对产品进行第一轮筛选，而其中最直接的影响因素即是色彩，因为消费者总是会先注意到服饰的色彩，被偏好的色彩所吸引，而后才会观察服饰品的款式、面料、工艺细节等。所以在商业设计中，色彩具有先声夺人、不可替代的效果（图5-1）。

图5-1　色彩丰富的女鞋

　　色彩设计是鞋类外观造型的重要手段，相对于其他的设计手段，色彩是最经济、高效、快捷的设计方法，它可以在不增加太多成本的情况下，仅仅通过鞋款的色彩搭配与组合就可以实现产品的设计变化，同样款式的产品，在不改变其他造型因素的前提下，只需要通过不同的配色设计，就可以组合出各不相同的色彩效果，这对于提升产品的丰富性，满足不同消费者的色彩选择起到了非常关键的作用。

　　不仅如此，色彩在体现鞋类产品的设计风格和造型美感方面也非常重要，不同颜色之间或同一颜色的不同明度、纯度的色彩变化非常丰富，也异常微妙。色彩对于渲染、营造产品的氛围起着至关重要的作用。

要灵活地运用色彩设计，首先必须了解色彩、学习色彩的基本属性、形式美原理以及色彩的视觉心理，流行色彩等信息。随着对色彩认识的加深，并结合设计实践，才能更好地运用色彩。

以下从色彩的基础知识到设计运用方法进行讲解。

二、色彩模式

我们之所以可以看见色彩，是由光照射到物体上，再刺激视神经并传至大脑的视觉中枢而产生的一种色感反应。所以说，光是我们知觉色彩的前提。

色彩混合的模式分为加色模式和减色模式两种。

加色模式也叫色光混合，是指颜色光的红（R）、绿（G）、蓝（B）三基色按不同比例相加而混合出其他色彩的一种方法。当三基色 R、G、B 物理分量比例相同时混合得到白色光，三基色分量比例不同时混合后可产生各种颜色的光，其特点是把所混合的各种色彩的明度相加，混合的成分越增加，混合色的明度就越高，而色相则越弱。加色混合在摄影和舞台照明设计中比较常见，合理运用加色混合能够营造出各种环境和气氛。

减色模式也叫色料混合，即是通过如颜料、印刷墨水等介质形成的色彩混合模式。它与加色混合相反，混合后色彩在明度、彩度上较未混合的色彩有所下降。混合的成分越多，色彩就越浑浊。

三、色彩分类

（一）原色、间色与复色

（1）原色　原色也称为第一次色，是指能混合其他一切色彩，但其自身又不能由别的色彩混合产生的颜色。红、黄、蓝是色彩中的原色，也称为三原色。

从理论上来讲，原色之间可以通过不同的配比混合产生出所有的色彩，而三种原色相混可以产生黑色。但是，在实际的配色中，由于颜料的杂质、添加剂等因素，无法得到纯正的黑色，也可能出现混合出的色彩不纯、不正的现象。

（2）间色　间色是由两种原色混合而成的色彩，也称为第二次色。例如红色和黄色混合可以得到橙色；黄色和蓝色混合可以得到绿色；蓝色和红色混合可以得到紫色。当然通过改变两个原色混合的比例，就可以得出更多的间色。

（3）复色　复色又称第三次色或再次间色。两个间色相加可以得到复色，或者黑浊色和一种原色混合也称为复色，例如紫色和绿色混合可以得到紫绿色等。

牛顿用三棱镜分解白光，发现了红、橙、黄、绿、青、蓝、紫 7 色光。法国化学家斐尔德又把它简化为红、橙、黄、绿、青、紫的 6 个标准色，把这几个标准色谱首尾相接，即可形成 6 色色相环。当然，通过以上所讲的色彩混合方法，还可以得到色彩数量更多的色相环，如 10 环、12 环、16 环、24 环等（图 5-2）。

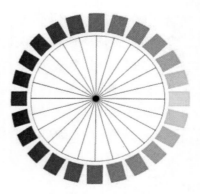

图5-2　24色色相环

在色相和色调体系中，10 色相分别指：红色、橙色、黄色、黄绿色、绿色、青绿色、蓝色、蓝紫色、紫色、紫红色。12 色色相环是由原色、二次色和三次色组合而成的。色相环中的三原色是红、黄、蓝色，彼此势均力敌，在环中形成一个等边三角形。二次色是橙、紫、绿色，处在三原色之间，形成另一个等边三角形。红橙、黄橙、黄绿、蓝绿、蓝紫和红紫 6 色为三次色，三次色是由原色和二次色混合而成的。

井然有序的色相环让人能清楚地看出色彩平衡、调和后的结果。

（二）同类色、类似色、邻近色、对比色、互补色

在色相环上，根据每个色彩与其他色彩的位置关系，可将之分为同类色、类似色、邻近色、对比色、互补色等。

（1）同类色　是指在色相环上色相之间的距离为 15° 以内的色相，这一距离内的色彩主要是色彩的深浅变化，当然也包含微量的其他色彩因素。

（2）类似色　是指在色相环上色相之间的距离为 45° 以内的色相。

（3）邻近色　是指在色相环上色相之间的距离为 45°~90° 的色相。

（4）对比色　是指在色相环上色相之间的距离大约为 120° 的色相，正如红、黄、蓝三者间的关系。

（5）互补色　是指色相环上穿过中心点的直线距离，即相对应 180° 的两种色相。在一对补色中，一种色相为暖色，另一种色相为冷色。其中最主要的三对互补色为：红与绿，纯度对比的极端；黄与紫，明度对比的极端；蓝与橙，冷暖对比的极端。

（三）主角色、配角色、背景色、融合色、强调色

根据色彩在作品设计中的作用，可以将色彩分为以下几类角色：

（1）主角色　是指产品的中心色，在其他色彩的选择上要以主角色为基准。

（2）配角色　顾名思义，是指衬托、支持、突出主角的色彩。

（3）背景色　指设计画面、环境的背景或产品面料的背景色。

（4）融合色　是指融合主角色和其他颜色之间的色彩，起到调和、过渡的作用，

通常是主角色的同色系颜色。

（5）强调色　指在作品的小范围内采用的强烈颜色，其作用是使画面整体更加鲜明、生动，起到突出和强调的作用。

（四）冷暖色

根据色彩给人的视觉感受，可以将色彩分为冷色和暖色（图5-3）。其中，红、橙、黄是暖色，位于色相环的上方；蓝绿、蓝紫等为冷色，位于色相环的下方，此外绿色、紫色则为中性色，而橙色和蓝色分别为暖色和冷色的中心。

在无彩色中，白色为冷色，而黑色为暖色。

图5-3　冷暖色彩的运用

（五）有彩色和无彩色

（1）无彩色　是指黑、白、灰等非彩色的色彩，因其绝佳的易搭配性与调和能力，它们也被称为时尚界永不过时的流行色。

（2）有彩色　是指光谱中的全部色彩，其中红、橙、黄、绿、蓝、紫为基本色。

（六）光源色、固有色、环境色

（1）光源色　是指发光体所发出的光线颜色。例如阳光、月光、日光灯、白炽灯等各种光因为光色的不同，在照射到同一物体上时会导致物体产生色彩变化。

（2）固有色　是指一个物体在通常情况下给人的色彩印象（概念）。例如，红旗是红色的，草地是绿色的，彩虹是五颜六色的，等等。但从色彩的光学原理可知，物体并不存在固定不变的颜色，其颜色是与光密切相关的，是随光线条件而变化的。

（3）环境色　是指一个物体周围的环境、物体所反射的光色，它也会引起物体固有色的变化。例如，在一只白瓷杯的背光部附近放一块红布时，白瓷杯靠近红布的一边，便会接受红布的反光而带红灰色倾向。如果把红布换成一块绿布，白瓷杯的这一边又变成绿灰色倾向。

四、色彩的属性

（一）色相

色相即色彩的相貌，也即各种色彩的名称。红、绿、黄、紫等都代表一种具体的色相。在产品设计规划中，色相是配色的首要因素。

（二）明度

明度即色彩的明暗程度。明度是所有色彩（包括无彩色）都具备的属性，任何色彩都可通过灰度模式还原为明度关系。明度关系最容易表现出立体感和空间感。在产品设计中，明度配色变化可以使作品呈现出和谐、整体的效果。

（三）纯度

纯度是指色彩的纯净程度，也可指色相的鲜、灰度。在光谱中，红、橙、黄、绿、蓝、紫等色都是高纯度色光；而在色彩中，红色是纯度最高的色相，橙、黄、紫为纯度较高的色相，蓝、绿则为纯度最低的色相。任何一种颜色混入白、灰或补色都会降低其纯度，混入越多其纯度也就越低。其中，有彩色就是有纯度的色彩，而无彩色就是无纯度的色彩，如黑、白、灰。

（四）色彩表示法与色立体

以上述三种色彩属性为基础，色彩学家们创建了不同的色彩模型。其中应用最为广泛的有孟塞尔色立体和奥斯特瓦德色立体。

1. 孟塞尔色立体

美国的教育家、色彩学家孟塞尔创立了孟塞尔色立体（图5-4），用以表示色彩的特点。在他的色彩系统中，将色相称为 Hue（简写为 H），明度叫作 Value（简写为 V），纯度为 Chroma（简称为 C）。色相环是以红（R）、黄（Y）、绿（G）、蓝（B）、紫（P）心理五原色为基础，再加上它们的中间色相：橙（YR）、黄绿（GY）、蓝绿（DG）、蓝紫（PB）、红紫（RP）成为 10 色相，排列顺序为顺时针。再把每一个色相详细分为 10 等份，以各色

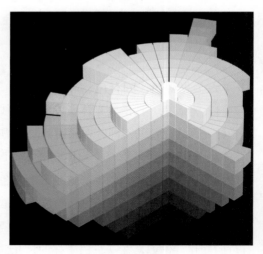

图5-4　孟塞尔色立体

相中央第 5 号为各色相代表，色相总数为 100。如：5R 为红，5YB 为橙，5Y 为黄等。每种色相分别取 2.5、5、7.5、10 等 4 个色相，共计 40 个色相，在色相环上相对的两色相为互补关系。

孟塞尔所创建的颜色系统是用颜色立体模型表示颜色的方法。它是一个三维类似球体的空间模型，把物体各种表面色的三种基本属性色相、明度、饱和度全部表示出来。以颜色的视觉特性来制定颜色分类和标定系统，以按目视色彩感觉等间隔的方式，把各种表面色的特征表示出来。目前国际上已广泛采用孟塞尔颜色系统作为分类

和标定表面色的方法。

中央轴代表无彩色黑白系列中性色的明度等级，黑色在底部，白色在顶部，称为孟塞尔明度值。它将理想白色定为10，将理想黑色定为0。孟塞尔明度值为0~10，共分为11个在视觉上等距离的等级。在孟塞尔系统中，颜色样品离开中央轴的水平距离代表饱和度的变化，称之为孟塞尔彩度。彩度也是分成许多视觉上相等的等级。中央轴上的中性色彩度为0，离开中央轴越远，彩度数值越大。该系统通常以每两个彩度等级为间隔制作一颜色样品。各种颜色的最大彩度是不相同的，个别颜色彩度可达到20。

2. 奥斯特瓦德色立体

奥斯特瓦德色立体是由德国科学家，伟大的色彩学家奥斯特瓦德（1853—1952）创造的，他也因此获得诺贝尔奖。他的色彩研究涉及的范围极广，创造的色彩体系不需要很复杂的光学测定，就能够把所指定的色彩符号化。

奥斯特瓦德色立体的色相环，是以赫林的生理四原色黄、蓝、红、绿为基础，将4色分别放在圆周的4个等分点上，成为两组补色对。然后再在两色中间依次增加橙、蓝绿、紫、黄绿4色相，总共8色相，然后每一色相再分为3色相，成为24色相的色相环。并把24色相的同色相三角形按色环的顺序排列成为一个复圆锥体，就是奥斯特瓦德色立体。色相的顺时针为黄、橙、红、紫、蓝、蓝绿、绿、黄绿。取色相环上相对的两色在回旋板上回旋成为灰色，所以相对的两色为互补色。

五、色彩对比

所谓色彩对比，是指两种或两种以上的色彩放在一起时，由于相互影响的作用而显示出的差别现象。单独的色彩没有美丑之别，只是在色彩的配置与对比中才会产生不同的视觉感受和色彩效果。

从时间关系上来说，色彩对比可以分为同时对比和连续对比；从色彩属性及构成因素上来讲，可以分为明度对比、纯度对比、色相对比、冷暖对比、面积对比等。

（一）同时对比与连续对比

首先，从时间关系上划分，可以将色彩对比分为同时对比和连续对比两种形式。

（1）同时对比　是指在同一时间、同一视域、同一条件、同一范畴内眼睛所看到的对比现象（图5-5）。由于人的眼睛有对色彩进行自

图5-5　同时对比

我调节的功能：看到任何色彩，眼睛都会同时需求补色。如果没有，眼睛就会自动将其产生出来，例如我们看一组黄色花瓶和灰色衬布，那么灰色衬布就会略带紫色感。

（2）连续对比　是指在不同的时间条件下，通过色彩之间的连续对照而产生的色彩美感。例如在看到一个红色物体之后立刻看黄色的物体，后者的色彩会带有绿色感，变得略冷；而在看到一个绿色物体之后立刻看黄色的物体，后者的色彩就会带有红色感，变得更暖，这是因为先看到色彩的补色残像加到后面物体的色彩上产生的效果，这是生理平衡的结果。人的眼睛长时间观察一种颜色，眼睛会受刺激，进而产生不平衡之感，所以需要自身的调节功能达到自我平衡。

通常情况下，人的眼睛会从以下三个角度去寻求色彩平衡：

① 寻求相对补色：在高明度环境中寻找低明度；在冷色中寻找暖色；反之亦然。

② 寻求全色相：当看到全部色环时眼睛是平衡的，红、黄、蓝三原色可以替代色彩总和。

③ 寻求中性灰色：眼睛和大脑只有在中等灰色的状态下才会得到放松和安定。

（二）色相对比

将色相环上的任意两色或三色并置在一起，因色相的差别而形成的色彩对比现象，称为色相对比。

在色相对比中，存在着弱、中、强等不同效果的对比。色彩对比的强弱主要取决于对比色相在色相环上的位置与关系，同时也与其明度、纯度有一定的关系。总的说来，同色相的色彩对比效果非常统一，对比色的视觉效果比较强烈，而互补色对比的视觉效果最为突出。通常情况下，在互补色对比中，最好先确定其中一种色彩为主导色，不要在分量上平分秋色，否则容易产生不可调和之感。

（三）明度对比

明度对比是指将不同明度的色彩并列在一起产生的对比关系。色彩在明度对比的情况下，一般会产生明的更明、暗的更暗的现象。明度对比是对视觉影响力最大、也最基本的对比关系。

强调明度的画面容易表达体积感、空间感、光感、层次感，它直接影响到画面是否明快，形象是否清晰。如果我们把一个色彩的明度分成9个色阶，最亮的3个色阶称为高明度，处于中间深度的称为中明度，处于最深的3个色阶称为低明度。如果一个设计作品中有60%以上部分都是高明度色彩，那么就可以称其为高调色，以此类推，也可以确定中调色和低调色画面关系。如果作品中的色彩以某一明度基调为主，但还兼用了其他基调的色彩，据其明度跨度关系可以形成更为丰富的关系，具体有9种形式：高明短调，高明中调，高明长调，中明短调，中明中调，中明长调，低明短调，低明中调，低明长调。

高明度基调给人轻快、明朗、娇媚、纯洁、明快、开朗、坚定、明亮、柔和之感，但是如果应用不当又会产生冷漠、柔弱、柔和、朦胧、朴素、平凡感；中明度基调给人以朴实、庄重感，但也可能形成呆板、枯燥感；低明度给人的感觉有沉重、刚毅、神秘、黑暗、阴险等。

（四）纯度对比

纯度对比。即因色彩纯度差别而形成的对比关系。

与色彩的明度配置与基调划分的原理相同，如果我们把一个色彩的纯度分成 9 个色阶，最纯的 3 个色阶称为高纯度，处于中间纯度的称为中纯度，而最浊的 3 个色阶称为低纯度。如果一个设计作品中有 60% 以上部分都是高纯度色彩，那么就可以称其为鲜调色，以此类推，就可以确定出中调色和灰调色。如果作品中的色彩以某一纯度基调为主，但也兼用了其他基调的色彩，据其纯度跨度关系可以形成更为丰富的关系，具体有 9 种形式：鲜强对比，鲜中对比，鲜弱对比，中强对比，中中对比，中弱对比，灰强对比，灰中对比，灰弱对比。

纯度差别的高低决定着设计对比效果的强弱，高纯度基调给人以积极、膨胀、节日气氛、艳丽、热情、恐怖、刺激的感觉。中纯度基调给人丰富、稳定、厚实、雅致之感。低纯度基调给人稳健、消极、理智、静谧的感觉，但运用不当也可能会带来灰、脏的感觉。

（五）冷暖对比

色彩的冷暖对比是指根据人对色彩的感受和联想而赋予其冷暖的差异，使画面具有温度感的对比。冷暖感本身是人体触觉对外界的反映，人对色彩的冷暖感觉则是由生活经验及心理功能决定的，因而对人的心理影响很大。

从色彩功能来讲，红、橙、黄色容易使人兴奋、心跳加快，产生热的感觉；蓝、紫、绿色容易使人冷静、心跳减慢，产生冷的感觉。在色相环中，位于橙色端的颜色是暖色，近于蓝色端的颜色为冷色，绿、紫为冷暖的中性色。当然，冷暖也是相对的，例如：红、橙都是暖色，但橙比红暖；普蓝和群青都是冷色，但群青比普蓝冷。冷色给人以透明、镇静、稀薄、轻的、理智的、收缩的感觉；暖色则给人以不透明的、刺激的、稠密的、重的、感性的、扩张的感觉。以占画面 60% 的面积为依据，以冷色为主的画面可构成冷色基调；以暖色为主的画面可构成暖色基调；以中性色为主的画面则可以构成中间调。

（六）面积对比

面积对比是指两个或更多的相对色域所占面积的多少对比。当某色彩的面积占整幅的 60% 左右，就能构成以此色彩为主的色调。

通常情况下，色彩的面积应该与明度、纯度成反比的情况下，更容易获得色彩上的平衡感，所以高明度、高纯度的色彩面积应该小；低明度、低纯度的色彩面积应该大。

（七）形状对比

形状对比是指画面中不同形状色块的对比关系（图5-6）。形状既包含具象写实的形态，也包含抽象的形态。一般来讲，形状和色彩之间也有一定的对应关系，例如：正方形的性格与红色比较类似，红色具有重量感、安全感和不透明性的特点，正方形的稳定、静止和庄重与之相符合；正三角形则与黄色对应，三角形锐角的好斗和进取的特征，具有尖锐、快速和醒目的视觉特点；圆形则对应蓝色。圆能产生一种松弛、平易感，具有圆滑、流动性的感觉，让人联想到蓝天、大海；橙色让人想到梯形；绿色让人想到球面三角形；紫色容易使人想到椭圆性。

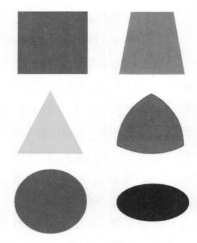

图5-6 形状对比

不同的色调、面积、形态等对比因素都会影响色彩效果。在鞋类设计中，以上因素对于设计的基调有强烈的影响，所以在色彩设计环节要考虑清楚鞋的整体设计风格，消费群定位，流行色与流行趋势等相关因素，在色彩的选用上要有明确性和针对性。

六、色彩的生理感与心理感

色彩对身体和心理的影响是客观存在的，不同的色彩给人的视觉和心理感觉都有所不同，典型的如冷暖色激起的生理反应，在蓝色和红橙色的工作环境中，人的温度感觉会相差2~5℃；如果将睡眠环境布置成绿色，有安神助眠的作用；因色彩所带来的生理感受差别，自然也会有其不同的心理感受。色彩的固有情感可以跨越国界和语言，具有较强的全人类性、超时代的稳定性。但同时也有一定的区域性和文化性差异。

此外，人对色彩的感受也会在一定程度上不断转换。典型的现象如时尚服饰的色彩趋势变化，当某几种色彩流行一段时间后，就会被新的色彩取代，当然这也正是时尚的变化无穷之处。

（一）色彩的空间感

不同的色彩配置在一起时，由于其色彩属性的差异，会形成一定的空间感，通常，明度高、纯度高的色彩有前进感和扩张感、膨胀感；明度低、纯度低的色彩有后退感、收缩感。

所以从空间角度可以将色彩概括为以下几种：前进色、膨胀色及后退色、收缩色。从色相角度讲，波长长、明度高、高纯度的色相有膨胀感；而波长短、明度低、纯度低的色相则有收缩感。

（二）色彩轻重感和软硬感

这是因人类的触觉经验转换到视觉经验而形成的对物体色彩重量感的心理判断。一般来讲，高明度色、暖色给人感觉较轻，而低明度色、冷色给人感觉会重一些。物体有光泽、质感细腻，则感觉重，物体表面结构松散、软，则感觉轻。

同时，给人感觉轻的色彩往往有膨胀感，而感觉重的色彩则具有收缩感。

（三）色彩的朴素与华丽感、冷暖感及其他

一般来讲，高明度、高纯度、暖色显得华丽，低明度、低纯度、冷色显得朴素。对于同一色相而言，黄、橙等稍显华丽，褐色稍显朴素。

表面肌理上，光滑、质感细腻的材质显得华丽，而质地粗糙、无光泽的材料则显得朴素。

此外，还有很多感觉都可以由色彩来表达。例如冷暖感：暖色让人感觉温暖，阳光；而冷色则使人感觉到清爽甚至寒冷；此外，色彩还可以表现不同的味觉感和情绪感受等。

（四）色彩的错视

因色彩的对比关系而造成错视有以下两种情况：

① 边缘错视：因色彩的对比在其交界线处引起的错视。例如原本单一的平涂色，由于不同明度、色相或纯度的对比造成的错视。

② 包围错视：一个色块在被另一个色块包围的情况下产生的错视。例如：黑底上的白方块，看上去要比白底上的黑方块面积大一些。白色背景下的红色和蓝色，红色容易使人感觉比蓝色的面积更大，且更具有前进感；高纯度的红和低纯度的红在白色背景下，会使人感觉前者比后者面积更大，距离更近。浅灰色方块在白底上显得暗，在黑底上就显得亮。

（五）几种常用色彩给人的生理感受

（1）绿色　是一种令人感到稳重和舒适的色彩，具有镇静神经、降低眼压、缓解眼部疲劳、改善肌肉运动能力等作用，所以绿色系很受人们的欢迎。自然的绿色还对晕厥、疲劳、恶心与消极情绪有一定的作用。但长时间在绿色的环境中，易使人感到冷清，影响胃液的分泌，食欲减退。

（2）蓝色 是一种令人产生遐想的色彩，另一方面，它也是相当有严肃感的色彩。这种强烈的色彩，在某种程度上可隐藏其他色彩的不足，是一种搭配方便的颜色。蓝色具有调节神经、镇静安神的作用。蓝色的灯光在治疗失眠、降低血压和预防感冒中有明显作用。有人戴蓝色眼镜旅行，可以减轻晕车、晕船的症状。蓝色对肺病和大肠病有辅助治疗作用。但患有精神衰弱、忧郁病的人不宜接触蓝色。

（3）黄色 是人出生最先看到的颜色，是一种象征健康的颜色，它之所以显得健康明亮，因为它是光谱中最易被吸收的颜色。它的双重功能表现为对健康者有稳定情绪、增进食欲的作用；对情绪压抑、悲观失望者则会加重这种不良情绪。

（4）橙色 能产生活力，诱发食欲，也是暖色系中的代表色彩，同样也是代表健康的色彩，它也含有成熟与幸福之意。

（5）白色 能反射全部的光线，具有洁净和膨胀感。所以在居家布置时，如空间较小时，可以白色为主，使空间增加宽敞感。白色对易动怒的人可起调节作用，这样有助于保持血压正常。但患孤独症、精神忧郁症的患者则不宜在白色环境中久住。

（6）粉色 是温柔的最佳诠释，这种红与白混合的色彩，非常明朗亮丽，粉红色意味着"似水柔情"。经实验，让发怒的人观看粉红色，情绪会很快冷静下来，因粉红色能使人的肾上腺激素分泌减少，从而使情绪趋于稳定。孤独症、精神压抑者不妨经常接触粉红色。

（7）红色 是一种较具刺激性的颜色，它给人以燃烧和热情感。但不宜接触过多，过多凝视大红颜色，不仅会影响视力，而且易产生头晕目眩之感。心脑病患者一般是禁忌红色的。

（8）黑色 高贵并隐藏缺陷，它适合与白色、金色搭配，起到强调的作用，使白色、金色更为耀眼。黑色具有清热、镇静、安定的作用，可以对激动、烦躁、失眠、惊恐的患者起恢复安定的作用。

（9）灰色 是一种极为随和的色彩，具有与任何颜色搭配的包容性。所以在色彩搭配不合适时，可以用灰色来调和。

七、几种常用色彩的商业应用分析

就设计角度而言，不同的色彩在运用上也有一定的规律（图5-7）。

（1）红色 容易引起注意，所以在各种媒体中也被广泛地利用，除了具有较佳的明视效果之外，更被用来传达有活力，积极，热诚，温暖，前进等涵义的企业形象与精神。另外红色也常用来作为警告、危险、禁止、防火等标示用色，人们在一些场合或物品上看到红色标示时，常不必仔细看内容，就能了解警告危险之意，在工业安全用色中，红色即是警告、危险、禁止、防火的指定色。

（2）白色 具有高级、科技的意象，通常需要和其他色彩搭配使用。纯白色给人以寒冷、严峻的感觉，所以在使用白色时加入一些其他色彩，象牙白、米白、乳白、苹果白等会减轻这种印象。在生活用品、服饰用色上，白色是永远的流行色，可以和任何颜色搭配。

（3）黄色　明度高，在工业安全用色中，黄色是警告危险色，常用来警告危险或提醒注意，如交通标志中的黄灯，工程用的大型机器等。

（4）蓝色　沉稳的特性，具有理智，准确的意象，在商业设计中，强调科技感和效率的商品或企业形象，大多选用蓝色作为标准色、企业色，如电脑、汽车、影印机、摄影器材等。另外蓝色也代表忧郁，这是受西方文化的影响，这个意象也运用在文学作品或感性诉求的商业设计中。

（5）绿色　在商业设计中，绿色所传达的清爽、理想、希望，生长的意象，符合服务业，卫生保健业的诉求。在工厂中为了避免操作时眼睛疲

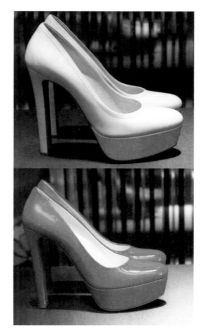

图5-7　红色和白色在鞋产品中的运用

劳，许多工作的机械也是采用绿色，一般的医疗机构场所，也常采用绿色来做空间色彩规划和标示医疗用品。

（6）橙色　明视度高，在工业安全用色中，橙色即是警戒色，如火车头、登山服装、背包、救生衣等，由于橙色非常明亮刺眼，有时会使人有负面、低俗的意象，这种状况尤其容易发生在服饰的运用上，所以在运用橙色时，要注意选择搭配的色彩和表现方式，才能把橙色明亮活泼的特性发挥出来。

（7）紫色　具有强烈的女性化性格，所以在商业设计用色中也受到相当的限制。除了和女性有关的商品或企业形象之外，其他类的设计不常采用为主色。

（8）褐色　通常用来表现原始材料的质感，如麻、木材、竹片、软木等，或用来传达某些饮品原料的色泽和味觉感，如咖啡、茶等，或强调其格调古典优雅的企业或商品形象。

（9）黑色　在商业设计中，黑色具有高贵、稳重、科技的意象，许多科技产品的用色，如电视、摄影机、音响、仪器等产品大多采用黑色；黑色也给人以庄严的意象，常用在一些特殊场合。在空间设计、生活用品和服饰设计领域，大多利用黑色来塑造高贵、优雅的形象。黑色也是一种永远的流行色，适合和各种色彩搭配。

八、色彩的联想与色彩文化

经由色彩形成的联想也有异常丰富的变化，这与人的学识、修养、阅历与品位等

个人因素以及时代背景、宗教信仰、社会经济环境等有诸多关联。因而，不同的国家、民族、团体都有自身的标志色彩，它是特定群体的属性和文化的反映，可以呈现出不同文化的差异性和多样性。

九、鞋类设计配色原则

鞋类的配色要尽量体现产品的美感，讲究色彩的节奏与韵律。根据色彩设计需要，可以采用同类色、类似色、对比色、多色搭配、无彩色及其与有彩色搭配等方法，实现多样化的设计效果。

同时，鞋类产品除色彩搭配本身的美感外，还要结合消费群需求、品牌风格、流行色等因素进行综合考量与取舍。

第二节　鞋类色彩效果图基础与概要

色彩在设计中的地位非常重要，绘制效果图的过程同时也是审视色彩方案，甚至是进行再设计的过程，它直接关系到材料的选择，产品的最终完成效果等。手绘的表现方法有线描后填色、线描后填色最后再强调线条、上色后再线描、不用线直接上色等方法。

一、鞋类色彩效果图的基本要求

一旦涉及色彩效果图，一些初学者就会因为要表现的因素太多，出现顾首不顾尾的情况。所以在动笔之前，务必要观察对象，把握画面的整体关系。

总的来说，鞋类效果图的色彩绘制要注意体现产品的光影、体感、质感和设计风格，要明确地呈现产品的结构、色彩、材质、图案及配饰（图5-8）。一张优秀的设计效果图要达到以下要求：①版式合理，画面美观；②比例准确，造型生动；③色彩设计协调，有美感；④产品结构准确，技法得当；⑤材料表现明确，图案清晰；⑥创意新颖，设计感强。

图5-8 "锦壹"女鞋系列产品效果图
（李珉璐 供稿）

二、鞋类色彩效果图的原则

（一）整体与局部的关系

首先，一张鞋类效果图肯定要有必要的、生动的细节刻画，这样画画才不至于显得呆板和概念化。但是，如果只注重物体局部的刻画，而缺乏对整体关系的表现，容易使画面流于繁琐，且无法把控画面的整体效果。因此在作画时要注意细节特征和局部造型的变化，应服从于整体关系，注意虚实变化，有意识地舍弃一些可有可无的细节。

具体而言，线条可以适当地画得长一些，没有必要和真实的一样细。线迹距离和鞋的整体关系协调则可，这样反而有助于效果图的视觉效果。配饰是较为精细的部分，形态千变万化，也是体现鞋款设计点的重要部分，在绘制中注意对其量感和质感进行深入刻画，注意体现其体积感和质感，使设计与造型更为生动、传神。

（二）主次关系

在鞋款造型中，有的部件是鞋的关键造型之处，例如鞋头、前帮、鞋跟、靴筒等；而有些部分却属于从属地位，例如帮里、内底等。当然，这只是从总体情况来看的，具体还需要根据不同种类、不同设计特点的鞋款进行分析。

在鞋类效果图的表现过程中，设计师不能对所有的帮部件平均着力，这样反而会使得画面没有重点，显得平淡无味。只有抓住主要的、关键的部件进行描绘，合理安排次要的帮部件，使其起到陪衬的作用，才能达到有主有次，有实有虚的画面关系（图5-9）。

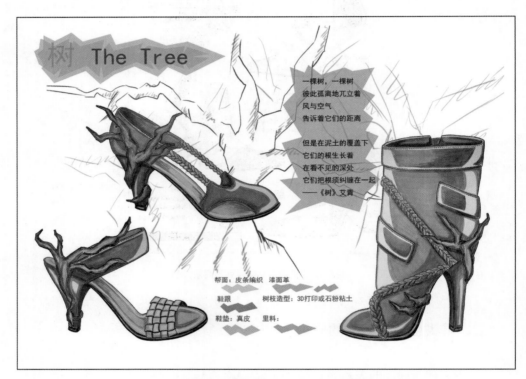

图5-9　The Tree女鞋系列产品效果图（周楚　供稿）

三、鞋类色彩效果图常用工具

鞋类线描效果图的手绘工具主要以彩铅、马克笔、水粉、水彩、色粉等画材为主。水粉、水彩、丙烯颜料等以水为媒介的画材还可以分为干画法、湿画法、干湿结合画法等。

在纸张的选用上一般以复印纸、马克笔专用纸、素描纸、水粉纸、水彩纸及一些特种纸张为主。

此外，在一些综合性的画法中，时常会运用各种各样的材料，其中很多甚至是非画材类的，例如各类化妆品以及亮片、水钻、羽毛、布面、皮革等可以用于粘贴的材质。其实只要对画面效果有益，各类材料都是值得去尝试的（图5-10）。

图5-10　部分采用化妆品绘制的女鞋效果图（丁婉婧　供稿）

四、鞋类色彩效果图的基本绘制步骤

1. 起稿造型

我们应该把鞋作为一个具有体积感的物体进行表现，注意分析其形与神、体量和块面、结构特征和风格。

首先，确定构图，经营画面位置。根据鞋的特征选择恰当的角度，尽量展现其重要的设计特点；其次，使用铅笔画出基本轮廓，运用长线条勾勒出鞋的大体形态，观察造型是否符合透视关系，主要的形体结构转折和设计造型是否满意，比例、位置、透视角度和基本结构等是否准确，注意把一些小的转折面体现出来，这一步需要经过反复的对比与调整，直到造型准确为止。最后，去除辅助线条，用流畅的线条准确地表现产品廓形，需要注意的是，此时不要急于刻画细节部分。

2. 铺大色调阶段

绘制明暗关系、色彩关系的目的是为了体现鞋的造型、体感和材质感。

在这一阶段，下笔前要先进行全局观察，注意光影的安排和明暗层次的表现，逐步形成合理的影调关系。

3. 深入刻画阶段

在已有大色调的基础上，有先后、主次地深入刻画各局部，同时对产品的细节，如图案、装饰等元素进行体现。需要注意的是，效果图的立体感呈现一方面依赖于明暗关系的安排，另一方面还要注意调子表现中线条方向的引导作用。

4. 调整与整理阶段

这一步主要对画面进行整体的调整，使画面浑然一体。作画者在整个作画过程中要随时把画面放到半米以外的距离进行整体观察，审视和评价画面的总体关系是否得当。注意一边对比一边调整，有意识地取舍，始终保持画面的整体与主次关系。

五、局部绘制和整体绘制方法

（一）整体画法

1. 构图、起稿

根据鞋款特点和画幅需要进行画面布局与构图。

用铅笔在纸上逐步确定好鞋款造型，注意形态要明确、具体；各帮部件、装饰元素的造型准确、合理。

2. 确定明暗关系

在画面上确定好明度对比关系。根据鞋的形体与结构关系，区分鞋款中亮部和暗部位置，明确明暗交界线、反光、投影等区域，亮部可以暂时保留不画，只需形成关系准确、自然流畅的整体效果即可。

3. 上大色调

根据已确定的基础关系，从明暗交界线入手，逐步延伸到深灰色调及反光部分。注意体现色彩的色相、明度变化。暗部关系画好后，可绘制一定的固有色。适当保留高光和亮部，可画少量的亮部过渡色，保持好画面的对比度。

4. 深入刻画

经过初步的色彩绘制，鞋款大体的造型与色彩效果已经显示出来了。

这一步骤主要是从整体效果逐渐转入到鞋款局部的形态、色彩与质感的刻画上，根据主次关系对各细节进行表现。

在深入刻画阶段，还要注意不能因局部刻画而破坏鞋款的整体效果。

5. 整理完成

在完成画面深入刻画之后，这一阶段需要再一次回到画面的整体关系上进行审视与判断，检查画面的比例与结构、色彩关系、主次关系等是否恰当。从画面的全局进行考量，使画面趋于统一、完整。

（二）局部入手画法

所谓局部入手画法，即是指从某一个局部开始绘制，逐步完成整个画面的绘画方式。

1. 起稿、构图

根据鞋款特点构图，保证大小、比例要适当，注意与画面的协调性。

使用铅笔造型，认真细致地勾画出鞋的大体形态以及各帮部件、装饰件等。

2. 从鞋的某一局部入手进行绘制

一般可先从帮面入手，注意用色干净，画面清晰。可以先从某帮部件的明暗交界线下笔，自然过渡到暗部、亮部等各调子因素，最后画出高光，同时塑造鞋款的设计细节、金属配饰等。

3. 逐步完成其他各帮部件的绘制

在完成上一个局部的绘制之后，根据画面具体情况考虑，逐步完成鞋各部分的色彩与体感表现。

4. 画面的整理与完成阶段

在鞋各部分绘制完成之后，整体观察画面，从全局考虑来调整画面，使画面趋于统一完整。检查画面与鞋的造型、色彩、体感、质感以及各对比因素是否合理，并进行整体的调整与修改。

六、色彩绘制经常出现的问题

① 灰：色彩不够鲜艳或色彩间的对比不足，可以适当提亮和增加色彩纯度和亮度。

② 花：指色相和明度因素混乱，可以适当削弱画面的冲突部分，统一效果。

③ 脏：指调色搅拌过细，色相感弱；作画时重复涂抹；使用水性色彩时，水或颜料不够干净。可以统一纯度，冷暖分明，干湿有序，绘制时下笔要干脆利索。

④ 生：指过多使用纯色，可注意色彩的调和，利用灰色过渡，协调画面。

⑤ 火：指画面中纯暖色多，可以适当运用冷色，形成冷暖对比关系。

⑥ 闷：指画面沉闷，因为画面中的色相、明度及纯度等因素过于一致，缺乏变化。可以运用对比因素打破沉闷感。

⑦ 板：指画面不生动，产品廓形抠得过死，需要注意主次、空间、虚实、远近关系，形成适当的对比感，做到虚实得当，游刃有余。

⑧ 糊：指物体结构不明，形态不准确，主次不清，注意下笔肯定、准确。

第三节　鞋靴设计色彩效果图主要表现技法

通常，色彩绘制技法可以通过使用的作画工具进行分类，以下结合技法的难易程度，循序渐进地讲解几种运用频率较高的鞋类色彩效果图表现技法。

一、彩色铅笔表现技法

（一）彩色铅笔的分类及特性

1. 彩色铅笔的分类

彩色铅笔按照其笔芯质料不同，可以分为以下两类

① 蜡质彩铅：笔芯由色料混入蜡质、高岭土凝固而成，其色彩不溶于水，也被称为油性色铅笔。

② 水溶性彩铅：是一种具有水彩特质的彩色铅笔，外观与一般彩铅无甚差异，但是其色质细腻，绘制的线条清晰明快，色彩艳度较蜡质彩铅鲜艳许多（图5-11）。水溶性彩铅的色料可溶于水，能产生色彩晕染、类似水彩的效果。在鞋类色彩效果图绘制中主要是利用其质感细腻、色彩鲜艳的优势，这对于表现鞋款的色彩对比关系、鞋材质感等方面有一定的优势。

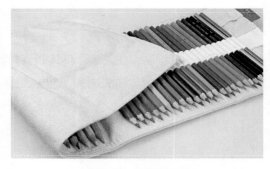

图5-11　水溶性彩铅

2. 彩色铅笔的特性

由于蜡质彩铅的色料质地较为粗糙，在色彩绘制时对画面表现的细腻与深入程度都很有限。因此，若非特殊考虑，一般会采用水溶性彩铅进行鞋类色彩效果图的绘制。

从便捷性来讲，水溶性彩铅的使用方法最接近平常使用的书写工具，也非常便于操作，同时，水溶性彩铅可以用橡皮进行修改，是所有彩色画材中最适合初学者的工具。

从绘画特性上看，水溶性彩铅既可以用于线描表现，也可以块状上色；还可以和其他彩色绘制工具、各种技巧及材料混用，兼容性较强，为多种表现手法提供了可能性。

彩色铅笔便于携带，使用方便，不像水彩、水粉颜料使用时需要配合画笔、水桶、毛巾等工具；当然，彩铅也有一定的缺点，如色彩饱和度不够，色谱不够齐全；上色速度较慢，作画会花较长的时间。

（二）相关画材与工具的选用

1. 笔

彩色铅笔的颜色种类要尽量多准备一些。常用的色彩有深红、大红、朱红、橙红、橘黄、浅黄、中黄、土黄、湖蓝、藏青、普蓝、浅绿、草绿、墨绿、橄榄绿、蓝紫色、

红紫色、驼色、咖啡色、金色、银色、黑色、白色、灰色等。

2. 纸张

彩铅的用纸可根据所画鞋的材料、质感来选择。如果是画较光滑的漆革、色丁面料、金属材质等，可选用质地细腻、纹理均匀的素描纸、复印纸、喷墨打印纸等；如画帆布、麻制品、磨砂革等，可选用质地略粗，纸张纹理明显的素描纸、水粉纸、水彩纸或特殊纸张完成。

3. 其他

由于水溶性彩铅在上色后还可以在一定程度上进行擦除和修改，所以可搭配绘图橡皮使用。如果需要把画面上的彩铅笔触用水稀释和弱化，还需要搭配水彩笔和水来完成，但要注意的是，稀释后的画面就不能再用橡皮修改了。另外，如果需要表现特殊效果，还可以选用相应质感和风格的特种纸进行画面表现。

（三）彩铅的技法要义

1. 素描功底的重要性

要掌握彩铅技法，其实还需要依靠设计师的素描功底。因其中对鞋的造型、立体感和质感的理解与表现，无一不与素描基础相关。如果设计师的素描能力很差，那他的彩铅技法表现能力自然就比较局限。

2. 彩铅的用笔

使用彩铅上色表现影调关系时，切忌拿着铅笔来来回回地涂抹，这样会导致物体的体感差，无法通过线条及其力度感、方向感来完成对形体的塑造。

在使用彩铅上色时，尽量不要使用一种彩铅一直上色，这会导致上色效果单调、沉闷，只上一种色容易导致画面变"糊"，反而缺乏立体感和材质感。因此，尽管有些鞋子是单色的，画的时候也要利用临近色系、类似色系的铅笔把明暗关系拉开、在过渡部分加入环境色等，以便弥补用色单调的问题。

在彩铅效果图绘制中，要注意利用色彩及笔触的先后混合来弥补彩色铅笔覆盖力不强的缺陷。排线混合的原理类似于点彩派的空间混合方法，一开始上色的时候排线不要太密，线距宽一点，留一些间隙，以便在下一遍上色时有空间混合其他色彩进来，以此达到丰富色彩的目的（图5-12）。

在排线时要注意随着物体的结构排线，同时穿插一些其他方向的用线，以形成线条之间的合力，起到共同塑造鞋款形态的作用。线条运用宜先用长线塑造大的体感关系，再用短线体现细节及调子的细微变化。如果一开始短线太多，则画面容易出现繁杂、琐碎的印象。一般情况下，彩铅在调子表现中的排线都是以流畅的线条为主。当然，也可以运用其他形态的排线，只要与所表现鞋款的风格及画面效果一致即可。

啊！真好！小米喵和她的好朋友猫头鹰阿当和哼先森来到了森林里的一家咖啡馆喝咖啡，天气真好呀！

工艺：线缝，胶粘，堆叠缝

材料：皮毛一体绒面革，彩色羊毛毡，PP 棉填充物，纽扣

图5-12　彩铅的笔触表现（李珉璐　供稿）

3. 对调子和细节的表现

与铅笔一样，彩铅笔芯是硬质的，所以需要采用一笔一笔的排线方式来绘制效果图，这种绘画方式可以将调子的细微变化和画面层次体现得淋漓尽致。同时在作画时还可以通过调节手上的运笔力量来体现色调的深浅变化。

在鞋类效果图绘制中，一般都选用质地细腻、色泽鲜艳的水溶性铅笔，所以在绘画过程中还可以用水彩笔蘸水将绘在纸上的色彩溶开，处理出水彩效果。这种方法可以使色彩的艳度更高，画面更具有水彩的灵动与美感。

4. 在综合性技法中的运用

在各取所长的综合性表现技法中，彩铅的用途主要在于对画面细节的刻画与调整，通常在绘制效果图的最后阶段使用。细节描绘对于增强物体的立体感和材质感有极大的优势。

5. 彩铅的弱点及弥补方法

当然，彩色铅笔也有其弱点，由于其颜色种类比较有限，所以许多有彩色和灰色无法表现出来。其次就是彩铅画出的颜色尤其是一些纯色在艳度上略差，所以在效果图绘制中要注意避免其缺陷，利用其优势。

（四）彩铅绘制的表现方法与步骤

彩铅效果图的绘制步骤主要包括构图起稿、铺大色调、深入刻画、整理完成四个阶段，如图 5-13 所示。

（a）绘制线稿

（b）开始着色

（c）铺设基本色调，逐步深入刻画

（d）最终完成的效果图

图5-13　彩铅效果图的绘制（李珉璐　供稿）

1. 构图起稿

根据鞋的大小和位置在画纸上合理地安排画面，用铅笔勾画鞋的大体轮廓。用铅笔以较轻的笔触将鞋靴造型与款式勾勒出来，包括重要的形体结构线、鞋钎、装饰件等。如果需要用某种色彩强调线条，也可以用单色彩铅在铅笔稿基础上进一步绘制。

2. 铺大色调

这一步是着色的实质性阶段。在下笔前先找准所画鞋靴的基本色彩倾向。注意从鞋的明暗交界线开始上第一遍色。在上色过程中颜色不要一次画得过深，同时注意比较不同部位暗部的明度差，对比相互间的关系。从鞋子大的结构处和暗部画起，由明暗交界线开始逐步向浅色调部分推移，逐步体现出主要的深灰（明度）调子和次要结构的浅调子，浅调子部位色相往往与暗部和深灰部的色相有区别，需换较浅的同类色铅笔。

3. 深入刻画

在这一阶段既可以从重点部位开始着手刻画，也可以从大的结构处和暗部画起。主要是用灰调子（指明度上）、浅调子（指明度上）较深入地刻画鞋靴形体结构，以及较小的部件。在画的过程中，要注意不同部位灰调子之间的明度差，用丰富的调子层次与色彩充分刻画鞋靴结构、形态、质感和其他外观细节。

4. 整理完成

这一步是画面的最后完善阶段，其重点是画面整体关系的调整。在鞋类效果图绘制过程中，受各种因素影响，难免会出现顾此失彼，主次不统一等问题，因此需要进行最后的调整，如鞋靴的形体结构是否准确、材料质感是否表现到位、明暗关系是否整体等。

二、水粉表现技法

水粉的使用历史很长，人类早期的岩画即是其前身。水粉是介于油画与水彩特性之间的一种绘画介质，在作画程序的简便性和广泛的适应性上有很强的优势。

（一）水粉画材的基本特性

1. 较强的表现力

水粉技法是鞋类效果图表现中的常用方法。因水粉画法有较强的表现力，它能将鞋靴的造型、色彩、质感等因素准确地表现出来，产品效果逼真、快捷、方便。

2. 一定的覆盖能力

水粉颜料比水彩颜料的覆盖力强，也比油画操作更方便。水粉颜料的优势在于一方面可以调出丰富的色彩，适用于较为复杂的产品塑造，既可以大刀阔斧地表现主要关系，也可以做到精细的刻画（图5-14）。

图5-14　运用水粉进行概括性表现（易佳佳　供稿）

3. 水粉的干湿变化

水粉颜料含有粉质，其色彩在干、湿两种状态下可以呈现出不同的变化。颜料湿的时候色彩看上去比较鲜艳，明度较高，但颜料干了以后，色彩的明度、纯度、对比度都会下降，一般情况下，深色会变浅，浅色会变深，所以把握不当容易导致画面偏灰。

4. 水粉颜料的用量与技巧

在绘画过程中，水粉颜料是需要经过调和以后使用的。由于不同的水粉色彩之间也有差异，如白色颜料的感染性很强，如果不择时机、不分区域胡乱使用，会导致画面显得很"粉"，即指亮色的白粉颜料在画面中随处可见，影响效果，而紫红、玫红、青莲等色彩的染色能力很强，调入后会瞬间改变色相，因此务必要控制好用量。

（二）水粉画的常用工具

1. 纸张

由于需要用水做水粉颜料的调配媒介，所以水粉画的用纸要求纸张坚实、紧密，吸水适中，不渗化，常用的水粉画用纸有素描纸、白卡纸、水粉纸、水彩纸等。一般建议选用定量在 $150g/m^2$ 以上的纸张，在质地、纹理、吸水性等方面能达到水粉画要求的厚绘图纸；当然作画者可以根据设计需要，选择不同肌理、质地和色泽的纸张，如水彩纸，有色纸等特种纸张。

2. 画笔

专用的水粉画笔常见的有圆笔和扁笔两种，一般采用羊毫、狼毫、猪鬃或尼龙等或高弹尼龙材料制作。羊毫、狼毫都比较吸水，适合于表现画面的大关系；而猪鬃和尼龙的吸水性较弱，更适合于刻画细节，但也不一而足。在效果图绘制中，一些细部的表现还可以配合工艺描笔，一般选用几只中、小号笔用于细部表现即可。此外，还可以选择传统的圆毛笔，例如大白云和小白云，在细部刻画时还可使用依纹笔。当然，也可以准备几把不同规格的板刷，用来刷大面积的底色。

一套水粉笔一般有 12 支不同规格的笔号，鞋类效果图绘制只要准备其中五六种即可。一般来讲，铺大色调、确定大的色彩关系用大笔，而勾形体、画细节则可以选择小笔。

3. 颜料

水粉颜料也称为广告色、宣传色，是用矿物和植物粉末加结合剂，如着色剂、填充剂、胶固剂、润湿剂、防腐剂等调制而成的（图5-15）。

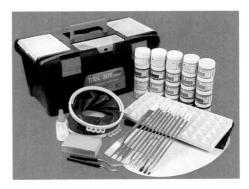

在市场上常见的有瓶装和管装两种。瓶装较为经济，但质地稍稍粗一些；管装颜料质地较细腻，携带也很方便，但价格稍贵。

图5-15　水粉颜料、画笔及工具

（三）水粉画的技法

1. 先薄后厚、先重后亮、先鲜后灰的原则

绘制水粉画时应该遵循先薄后厚、先重后亮、先鲜后灰的原则。先用薄色画过的地方，再用厚色覆盖，不易发生颜色泛起的弊病；先画稍重的颜色，再次提亮也不会出现太大的问题。但是反过来要在亮色上画重色则难度会加大。先鲜后灰主要是指第一遍完成时，颜色的明确度一定要强，宁可"过火"一些，即使不够协调也可以通过后期调整。

2. 水粉的干湿变化及处理方法

水粉颜料有明显的干、湿差异变化，一般来讲，深色干后会变浅，而浅色干后则会变得更深，因此作画时务必注意色彩干后的效果；可以准备一张同质地的画纸，先试着上色观察其干湿变化，确定后再在正稿上作画。

此外，水粉的湿衔接也是一大特点，在确定的情况下，趁湿让颜色自然衔接，可以表现出自然柔润的效果，最好不要慢条斯理地处理画面。

最后还要注意，水粉受其色彩性能限制，不能像油画颜料一样多层覆盖，否则会在变干之后成块脱落。

（四）水粉画的分类

1. 按绘画技法分类

水粉表现技法按绘画方法分湿画法、干画法、干湿结合画法。当然水粉画技法同样也可以结合彩色铅笔、水彩、马克笔等多种技法使用。

①湿画法：也称薄画法。是指运用水分变化为主的画法，其优点是自然、润泽，色彩丰富，画面清新，但需要趁湿衔接，所以要求绘画速度较快；而缺点则是水分把握较难，有一定的随机性，色彩不够准确。

②干画法：也称厚画法，其特点是绘画时水分运用较少，上色均匀，色彩清晰，画面整洁；缺点是画面的技法运用变化较少，尤其是对轻薄材料的表现不太适用。

③干湿结合画法：是结合以上两者的优点，根据画面的具体情况和需要进行干湿安排的一种色彩绘画技法。

通常情况下，厚重的材料宜采用干画法，轻薄的材料则使用湿画法。而干湿结合法则正是从两者优势结合的角度进行考虑，对产品中厚重的面料，画面的亮部一般采用干画法；而轻薄的面料，画面的暗部，背景等则采用湿画法，以求分别展现各自优势，更美观、准确、灵活地表现产品和画面效果。

2. 按绘画顺序与步骤分类

一般情况下，水粉效果图表现都会采用"整体—局部—整体"的步骤，这对于把握画面整体关系、明确主次关系有非常重要的意义。但在某些特殊的情况下，例如某些特殊面料、色彩等，也可以根据需要采用"局部—整体"的局部画法。

（五）水粉湿画法表现技法

湿画法是用低浓度颜料进行上色的技法。其绘制过程一般是先浅后深，多次进行薄色叠画，然后用较厚的颜料修正局部、提出高光（图5-16）。

（1）构图、起稿　根据鞋的特点决定画幅与构图。用铅笔勾勒出鞋的整体造型与设计细节。

（2）铺大色调　将水粉颜料调低浓度，从浅色部位开始上色，直至整个画面上完第一遍色。

（3）深入刻画阶段　在第二步的基础上逐渐加深，进行薄色叠画。

图5-16　水粉湿画法完成的女鞋设计
（葛娉婷　供稿）

（4）整体关系调整阶段　从画面整体关系入手进行分析与调整，用较厚的水粉颜料修正局部或提出高光。

（六）水粉干画法表现技法

干画法通过形体的变化运用、水分的控制来表现明暗关系，如图5-17所示。

（1）构图、起稿　根据鞋款的特点决定画幅与构图。用铅笔勾勒出鞋款的整体造型与设计细节。

（2）铺大色调　这一步可以将产品大的体面关系和小的形体转折关系用概括的方法进行色彩归纳。明度关系可以通过水多色少，透出纸本色的方式来实现；切记在此步骤中尽量不用或少用白粉颜料，否则画面容易出现白粉泛滥的情况。此外，暗部也不宜画得过厚。

（3）深入刻画阶段　此阶段应该有重点地分配时间，不能平均安排作画时间；这时可以在鞋款的亮部加入白粉，提高画面的明度对比和效果图绘制的细腻程度。

（4）整体关系调整阶段　从画面整体关系入手进行分析与调整。

干画法很适合表现金属材质。因为金属具有反光的特点，一个物体上会出现许多高光点和几个暗部，水粉笔细长的笔触可以很好地刻画金属微妙的色泽变化，且水粉的覆盖力和色彩混合所产生的浓郁感是其他画材难以达到的；同时，水粉颜料的细腻质感对于体现金属材质光滑、细腻的特性也非常有利。

（a）绘制线稿 （b）铺大色调，确定色彩关系

（c）深入刻画细节，完善色彩关系 （d）调整整体关系，定稿

图5-17　运用水粉干画法完成的女鞋效果图（赵书漾　供稿）

（七）干湿结合画法

　　水粉的干湿结合法即是结合干、湿画法的优势，在产品的暗部和画面的次要部位施以薄色，而在物体的亮部、重要帮部件处运用较厚的色彩，通过颜料与水的配比关系形成厚薄对比，突出物体的主次关系和体积感（图 5-18）。

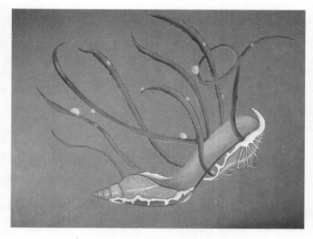

图5-18　概念设计女鞋（李营　供稿）

三、水彩效果图表现技法

　　水彩技法在鞋类效果图中有一定的运用，但相对较少，以下进行相对简略的介绍。

（一）水彩画材特点及相关工具

水彩与水粉颜料在画材特性上有一定相似性，都是通过水与色的混合进行调配的。水彩颜料透明、清爽，润泽，但没有覆盖性，所以下笔前应该成竹在胸，对画面和用笔做好规划。

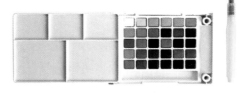

图5-19　水彩工具

水彩画需要使用专用的水彩笔（图5-19），运用吸水性较强的厚纸如水彩纸进行绘制，以促进水分吸收。

（二）水彩效果图的技法要义

产品的水彩效果图需要注意画面色彩的整体性，注意强调色彩的明暗关系，塑造立体感；水彩技法落笔需干脆、肯定，不能犹豫不决；应注意笔触的粗细、方向、长短变化。

此外，水彩、水粉两种画材的结合运用可以产生既轻快又不失细节感的画面效果。鞋类设计师应该熟练掌握各类绘制技法，并根据效果图和设计风格需要进行恰当表现。

（三）水彩表现技法的步骤

构图，起稿→确定主要的色彩关系，铺大色调→深入刻画，完善细节→调整整体关系，定稿，如图5-20所示。

（a）绘制线稿

（b）确定基本的色彩关系

（c）深入刻画鞋的体感与细节层次

（d）整体调整、完成作品

图5-20　水彩表现的女鞋效果图（赵书漾　供稿）

四、马克笔表现技法

马克笔是随着现代化工业的发展而出现的一种新型书写、绘画工具，名字来源于"Marker"，因此也叫作记号笔。

（一）马克笔的基本特性及种类

1. 基本特性

马克笔具有速干、快速表现、色彩丰富、稳定性高的特性，是设计者表达设计概念、构思方案的有力工具，在诸多设计领域被广泛运用；同时也是绘画创作表现的新工具之一。

2. 马克笔的种类及其特点

马克笔分为油性和水性两种。油性马克笔的色彩柔和，笔触优雅自然，具有渗透性，挥发快，光泽度较高。水性马克笔可溶于水，色彩鲜亮，笔触界线明晰，和水彩笔结合使用会形成淡彩效果。

此外，马克笔挥发性强，在作画时要及时把用过的笔盖上，防止挥发。

3. 马克笔的笔头形状及其作用

马克笔的笔头形状有四方粗头、尖头两种（图5-21）。一般马克笔都有两个笔头：一头为方形，可以画出较宽的线条，适合于画粗线条与大面积平涂；另一头为圆形，可以画出较细的线条，适用于画细线、刻画细部。两头结合能大大提高对形态的表现力。

图5-21　马克笔

（二）马克笔画的纸张选用

马克笔画用纸需选择纸质结实、表面光洁的纸张，以免渗色。常用的有马克笔专用纸、打印纸、复印纸、硫酸纸、白卡纸、有色纸、铜版纸等。如果使用硫酸纸，上色后的效果会变浅，可在背面垫一层白纸以增加色彩的显示效果。

（三）马克笔的技法要义

① 马克笔的色彩鲜艳透明，色泽清新、透明，笔触生动，简洁快捷，极富现代感。但其画面不易修改，因此马克笔的用笔用色程序、方法、笔触走向、疏密变化等都十分讲究。

② 马克笔笔尖有四方粗头、尖头等形式，可以画出粗、中、细不同宽度的线条，通过各种排列组合方式，可以形成不同的明暗块面和笔触效果，具有较强的表现力。

③ 通过笔触的排列、叠加，可以实现画面的色彩、明暗、空间效果表达。在画好

第一遍后使用同样的笔覆盖，可以获得比第一遍略深的明度，过多重复可能会使画面混乱、浑浊。

④ 马克笔的空间明暗关系需要结合素描关系中的空间明暗与阴影表达方式进行分析与表现。

（四）马克笔的运笔

1. 对笔触的要求

马克笔技法力求下笔准确、肯定，不拖泥带水。所以作画者需要在下笔之前对色彩的显示特性、运笔方向、运笔长短等因素考虑清楚，避免犹豫，忌讳笔调琐碎、磨蹭、迂回，要下笔流畅、一气呵成。

2. 马克笔的排线方法

马克笔排线主要有三种方法：平铺、叠加、留白，如图5-22所示。

图5-22　马克笔排线

① 平铺：马克笔常用楔形的方笔头进行宽笔表现，但要注意组织好宽笔触并置的衔接；在进行笔触平铺时讲究对粗、中、细线条的运用与搭配，避免排线效果死板。

② 叠加：马克笔的色彩可以叠加，但需在前一遍色彩干透之后进行叠加，以免色彩不均匀及纸面起毛。颜色叠加一般是同色叠加，可以使色彩加重，也可以是一种色彩融入其他色调，产生第三种颜色，但叠加遍数不宜过多，以免脏乱。

③ 留白：笔触留白主要是表现物体的高光、亮面，反映光影变化，增加画面的动感。

（五）马克笔的基础练习方式

大多数初学者对于马克笔不便修改的特性都有些畏惧，建议初学者可以从简单的方式开始练习，再一步步深入学习和掌握其特点。

① 可以先从用笔的练习开始，尝试各种不同的笔头、笔触练习，逐步结合不同的排线方式进行训练，达到对马克笔特性有一定程度的感受和体验。

② 从简单物体的表现开始练习，如一个水壶或一个果子等，尝试通过不同的色彩和笔触及其相互间的叠加与混合表现一个完整的形态，做到采用马克笔来完整表现物体的能力。

③ 进行鞋的局部表现练习，例如鞋跟、配饰的体感表现和上色练习，逐步具备鞋类效果图的绘制经验，同时，此阶段还可以训练初学者深入刻画与表现的能力。

④ 在上述训练基础上再进行简单鞋的临摹练习，感受完整的马克笔效果图绘制过程。

⑤ 进行效果图的默画与写生。这一阶段可以锻炼设计师自主表现鞋的能力。当然，达到一定程度后，还可以结合各种材质与面料、图案等元素进行训练。

（六）马克笔的作画步骤

使用马克笔作画时，首先要了解其性能特征，然后对作画的过程要认真分析，做到胸有成竹才能挥洒自如。

（1）构图、起稿造型　用铅笔或钢笔画出物体的造型，注意鞋的形态、透视关系正确，线条要虚实有致、变化生动，切记画成铁丝框，如图 5-23（a）所示。

（2）亮部表现　根据马克笔的特性，建议先从亮部开始着手表现，要选用最浅色彩的笔，其中高光或主要的亮部区域可以先留白不画；在用笔时要注意笔触的疏密变化和笔触方向的一致性，注意表现物体在光线下的反光或倒影等光影变化，如图 5-23（b）所示。

（3）暗部表现　为使暗部色彩具有层次和透明感，要在明暗交界线处使用较深的色彩来表现。运笔可以根据光影的方向或物体结构方向使笔触具有一定的变化，但交叉线条不能太多，否则容易造成杂乱的感觉。

表现暗部的另一关键是要保持亮面和暗部交界处轮廓的完整性，一旦物体的亮部区域渗入了暗部色彩就很难修改，可以使用一些遮挡工具，如用低黏度的胶带和便利贴将亮部区域遮挡起来。当然主要还是要靠平时的不断练习来加强运笔技巧。

（4）投影或背景色　物体投影一般用较深的色彩表现，恰到好处的投影能起到突出物体、加强画面对比的作用，画投影时切忌把颜色画成漆黑一团；同时要注意通过笔触的排列，使投影具有层次感和通透感。

对一些色彩变化较为单纯的形体也可以采用画背景的方法来突出物体，背景表现可以采用流畅的笔触，起到渲染画面气氛或增强设计感的作用。

（5）调整与完善　在画面完成后可做一些简要的细部刻画或修正，如使用白色水粉、彩铅或其他高光笔突出亮部，如图 5-23（c）所示。

（a）绘制线稿

（b）确定主要色彩关系

（c）深入刻画，统一调整，完成作品

图5-23　马克笔绘制的女鞋效果图（李珉璐　供稿）

五、色粉表现技法

在鞋类效果图表现中，偶尔也有设计师尝试色粉表现，在此做简要介绍。

色粉画是西洋画中仅次于油画的第二大画种，已有几百年历史。在文艺复兴时期，已有很多画家采用色粉笔作画，如米开朗基罗、达·芬奇等都曾用色粉笔表现画稿。

（一）画材的特点及工具运用

色粉笔是粉质的条形色彩工具，由矿物质颜料加入少量的胶压制而成。色粉笔有软、硬之分，一般以质地柔软的笔为更佳。色粉笔可刮成粉状后加酒精或其他溶剂，用棉布、棉纸等蘸色粉在水彩纸上绘画，也可代替水粉、水彩处理大面积背景。其优点是使用方便、色彩淡雅、对比柔和，色泽纯净、明亮，不足之处是缺少深色，所以可配合炭铅或马克笔作画。

使用色粉笔时需要配合一些辅助工具，例如油性签字笔、遮挡膜、棉花、卫生棉纸、纸擦笔、刀片、溶剂等；建议选用纹理均匀、纸张软硬适中、质地较厚的纸；同时也可以根据表现需要来选择纸张的质地粗细。

在表现鞋的亮部时，可用橡皮泥、高光笔或白粉等提亮；用含适量水分的棉纸在画面上擦出背景，可形成近似水粉画的效果，但要注意色粉画应避免来回多次涂抹。

（a）绘制线稿

（二）色粉表现技法的步骤与示范

（1）构图、起稿　用铅笔、炭笔或马克笔在纸上画出素描效果图，对鞋类的明暗和体积关系表现要充分，暗部的深色一定要画够，如图5-24（a）所示。

（2）着色，铺大色调　素描关系完成后可以开始铺大色调。首先在受光面着色，可根据需要作局部的遮挡，如图5-24（b）所示。

（b）铺设基本色彩

注意一次上色粉不宜过厚，对大面积的变化可用手指或布头抹匀，精细部位则最好使用尖状的纸擦笔来擦抹，这样既可处理好色彩的退晕变化，又能增强色粉在纸上的附着力。

（3）暗部表现　注意在暗部不要将色粉上得太多太宽，要善于利用纸的底色。因而事先应按画面需要选好合适基调的纸，如图5-24（c）所示。

（c）深入的刻画与表现

（4）调整与完善　从整体角度审视画面情况，根据画面关系进行调整，如图5-24（d）所示。

（5）定型保存　画面完成后最好用固定液（定型剂）喷罩画面，便于保存。

六、综合表现技法

效果图综合表现技法是指将多种画材、多种工具进行整合运用，以实现更为丰富的画面表现

（d）统一调整画面，完成作品

图5-24　色粉表现技法女鞋效果图
（赵书漾　供稿）

效果。其优点是可以根据设计需要灵活运用画材和工具，打破单一工具的局限性，兼取各类工具之长。以下介绍几种常用的综合表现技法。

1. 有色纸画法

该方法是选用有色纸张或使用排笔刷好纸张颜色，以此作为画面和产品的主体色，再通过表现产品的深调、浅调及细节处，快速地完成效果图。

这种技法比较便捷，在刷色时即确定了产品的主体色彩，但选纸或刷色也是这种技法的关键所在，其背景色首先要和产品的固有色一致，刷色时运笔要干脆利落，选择的纸张要有一定的吸水性，方便多次上色。通过底色很好地营造画面氛围。

2. 钢笔淡彩法

这种方法是以钢笔绘制鞋的形态和大体明暗关系，然后再用色彩工具体现产品的色彩与质感。这种方式兼具钢笔画的人情味和细致感，加入色彩因素后可以更加完善地呈现产品色彩和肌理。黑色钢笔的笔触和有彩色的对比可以营造出优美的画面效果（图5-25）。

图5-25 "倘若你是玫瑰"女鞋系列产品效果图
（李珉璐 供稿）

3. 拼贴技法

这种方法是在完成产品主体形态绘制的基础上，加入材质拼贴完成的效果图。材质选择可以是各类服饰面料、配饰以及特殊纸张、装饰品等。拼贴形成的立体和半立体效果可以起到丰富画面、提升视觉冲击力的作用，对于一些绘制耗时或难于表现的图案和配件，采用这种方式可以提升画面效果。照此方式，还可以将一些面料图案复印后进行拼贴，也不失为一种便捷高效的方法（图5-26）。

图5-26 结合水钻拼贴完成的
女鞋效果图（李林倚 供稿）

除此之外，为了实现各类特殊效果，设计师可以充分发挥创造性，结合各种工具材料，采用多种非常规技法，如剪贴、拓印、刻纸等加、减法方式，实践效果图技法的变化性和丰富感。

**思考
与练习**

1. 彩铅、马克笔、水粉、水彩、色粉这几种画材在鞋类效果图表现中的优势与劣势是什么？在绘制鞋类效果图时应如何扬长避短？并请举例说明。

2. 请设计一款男士概念鞋，要求造型新颖，富有独创性和前瞻性；运用彩铅与马克笔结合表现，既要把握整体效果，同时也需对产品细节进行明确、清楚的交代。

3. 请结合当季鞋履产品的流行元素，设计一款女鞋，要求造型美观、实穿性强，在水粉、水彩、色粉三种画材中任选一种进行色彩表现。

第六章
鞋类常用面料的技法表现

鞋类产品的材料非常丰富，从鞋的结构上可以分为面料、里料、底材、跟材、配件等，其中鞋类产品的面料和配饰是效果图的表现重点，也是最为丰富的部分。

鞋面材料可分为天然皮革、合成革、纺织面料等几大类别，材料的选用是鞋类设计的重要内容，以下逐次就各类鞋用面料进行分析。

第一节　各类鞋用面料的绘制与表现

（一）粒面革

为了保留皮革完好的天然状态，粒面革的表面涂饰层较薄，可以很好地展现动物皮的天然纹理之美，粒面革具有透气、耐磨、手感丰盈，质感光滑等优点。因此，粒面革的受光和背光效果都较为自然。

粒面革鞋材的绘制要注意体现其柔和的质感与丰富的层次变化，如图 6-1 所示。

（二）透明质感面料（网面材料、薄纱材料等）

透明材料的最大特点是其透光性，部分透明面料表面质地光滑细腻，还会产生反射光和折射光，从而形成丰富的光影变化。

典型的透明材料如透明塑料，也称PVC，对这种材质的绘制需要借助环境底色

（a）绘制线稿

（b）铺设色彩关系

（c）深入表现

（d）统一调整与完成作品

图6-1　粒面革材质女鞋效果图（赵书漾　供稿）

（即其后面的背景或部件等）呈现出透明部分的形状、厚度和色彩（主要针对半透明有色感的材料），注意表现物体内部的透视线和零部件细节，留心轮廓边缘的浓淡等仅有的微妙变化；绘制透明材质要注意用笔整齐、细致，对面料上呈现的物体轮廓与高光、反光等因素作重点表现（图6-2）。

图6-2　透明材质女鞋效果图（冉诗雅　供稿）

此外，还有网眼、网纱无纺化纤面料等半透明材料，在表现这一类材质时，需要先把背景色画出来，再去勾画网眼的纹理，以取得高效、整体的视觉效果（图6-3）。而各类半透明的绢纱材质的表现，则需要体现其轻薄、灵动、飘逸的质感。

图6-3　网纱面料材质女鞋效果图
（李林倚　供稿）

（三）漆革

漆革又称镜面革，其外观特点与加工工艺有紧密关系。由于漆革表面有一层光亮的涂饰层，所以会形成异常明亮的光感。在光线条件下，漆革会产生非常强烈的视觉效果。

在漆革材质鞋类绘制中，要注意其面料的受光、反光均较其他皮革强烈，变化丰富；高光区域面积较大，且调子过渡突然，漆革绘制可以采用马

图6-4　漆革面料女鞋效果图（李冰倩　供稿）

克笔、水彩和水粉等工具。所以，漆革的表现要注意高光、反光及其形态，用笔要利落、干净（图6-4）。

（四）金属色皮革

在鞋面材料中，金属色皮革是一种较为特殊的面料。金属材质与漆革的相似之处是其表面均有一定厚度的涂饰层，所以高光、反光效果比较强，有较好的光泽感。当然，金属色皮革也可以根据涂饰工艺特点，制作成粒面革或漆革，同时根据其受光特点可以分为高光皮革和亚光皮革，金属色彩除了常见的银色、金色以外，还有诸如茶色、枪色及其他有一定金属感的有彩色皮质。

在绘制金属色鞋时，要注意结合鞋的结构、转折进行刻画；金属色皮质有色彩的深浅、反光强弱之分，在表现时应该注意区别不同材质在高光、反光区域的亮度、深浅及调子变化等

图6-5　包含漆革、金色和透明面料的女鞋效果图

特点。在表现材质的质感、反光、高光的特性以及金属色彩感时，注意用笔要精细、干净；除了使用常规画材中绘制金属色的笔和颜料，如金色皮质一般采用熟褐、中黄、柠檬黄和金色（图6-5）；银色则采用黑、白、灰及银色，还可以加入各类画材中的金、银色、金属感荧光色，甚至是其他的工具，如具有金属感的化妆品：指甲油、眼影粉、高光粉等来表现金属感。

（五）绒面革、磨砂革

磨砂革，是指通过轻磨皮的粒面层，从而形成具有表面细小绒头的皮革品类，质地细致、均匀，不掉色，防水性好，无油腻感。与其相似的还有绒面革，其表面的绒

状纤维更加细腻，绒毛细、短、紧密、均匀，有丝光感，手感柔软、丰满，有弹性。这类面料只经磨绒和染色，未经涂饰，成品穿着舒适、卫生性能好，但其防水性、防尘性差，不便保养。

由于这类面料没有涂饰层，也不甚光滑，所以受光效果并不突出。在绘制中要注意调子关系的柔和过渡，并可以在灰面和亮面处略略体现面料的绒头效果（图6-6）。

图6-6　绒面材质女鞋效果图（王慧　供稿）

（六）珠光皮革面料

也称珠光皮，因其表面涂饰材料中加入了珠光粉或少量的金属粉，可以模拟珠宝或金属的光泽感和质感，形成特殊的视觉感受。珠光皮革具有较好的物理性能和现代时尚的设计效果。

绘制珠光皮革，需注意体现其珠光质感，仔细分析其色彩效果，也可以借助含有珠光或金属颗粒的画材，如珠光笔、珠光颜料甚至是化妆品中的相关工具，如眼影粉、高光粉、指甲油等都可以根据需要使用。但在运用以上工具时，注意重点使用在灰面和亮面部分即可，切忌任何一处都平均对待，以免效果太过头，且导致暗部深不下去。具有炫彩感的银色面料女鞋效果图如图6-7所示。

图6-7 具有炫彩感的银色面料女鞋效果图（刘子煜 供稿）

（七）印花面料

印花工艺是用染料或颜料在纺织物上施印花纹的工艺过程，例如金银粉印花、发泡印花、香味印花、夜光印花等。由于印花图形是依附于产品表面的，其形状根据产品形态的变化而变化，根据产品的转折而转折。

因此，在绘制这类面料时务必将图案放在产品的整体造型中去观察和表现，根据造型和光影的转折变化而变化，切忌将图案作为独立的因素去考虑。在暗部区域，图案的形态和色彩要灵活取舍，着重体现灰面和亮部的图案，无须处处求精细，对重要帮部件的图案可以多加留心，而其他区域可以适当简化，尽量使图形融入鞋类的整体形态和色调中。

印花面料的鞋款绘制步骤如图 6-8 所示。

（a）绘制线稿

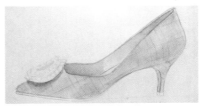

（b）铺设基本色彩与光影关系

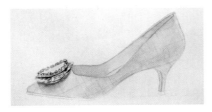

（c）深入表现鞋的细节

（d）调整完成

图6-8 印花面料女鞋效果图（赵书漾 供稿）

（八）色丁缎和水钻配饰的绘制

包含色丁缎和水钻配饰的女鞋效果图的绘制如图 6-9 所示。

① 构图、起稿，完成线稿造型，其中需着重注意水钻部分的线条细节表现。

② 确定基本的色彩关系，完成基础色调的铺设。

③ 根据材质的受光特点和视觉效果，深入刻画材质的质感和光影关系，尤其是色丁缎的材质特点，同时需注意水钻配饰镂空部分的细节表现。

④ 画面调整，完善整体关系，收拾画面。

（a）绘制线稿

（b）确定基本的色彩关系

（c）深入刻画

（d）统一调整，完成作品

图6-9　包含色丁缎和水钻配饰的女鞋效果图（李珉璐　供稿）

（九）牛仔面料

牛仔布，也称丹宁（Denim）布，始于美国西部，因放牧者以其制作服装而得名。牛仔布是比较粗厚的色织经面斜纹棉布，经纱的颜色深，常见的有靛蓝色、深蓝色等，纬纱颜色浅，一般为浅灰或本白等，牛仔布的质地紧密，厚实，纹理清晰，具有休闲的生活气息，一般选用彩铅配合水粉或马克笔表现较为便捷（图6-10）。

（十）雪纺面料

雪纺面料是一种轻薄、具有一定透明度的织物，具有轻透、柔软、飘逸的特点，在绘制时要注意体现面料的轻软、光滑和透气感，同时注意表现褶皱和堆叠处以体现其暗面和层次感。可以选用彩铅、马克笔、水彩等画具来表现（图6-11）。

图6-10　牛仔面料女鞋效果图
（詹祎　供稿）

图6-11　雪纺面料女鞋效果图
（方悦　供稿）

（十一）毛皮、毛绒材质

毛皮是指带毛鞣制而成的动物毛皮，常见的有狐皮、貂皮、羊皮和狼皮等。毛皮具有奢华、温暖的气息，以其制成的服饰品雍容华贵。毛绒材料的概念更为广泛，指所有动物或人造毛制成的面料。

在效果图表现中，要以整体的眼光理解、观察毛绒材料，先确定大体的明暗关系，注意表现重点部位，切忌平均对待，一根根地画，只需在面料的边缘和重点部位刻画毛绒形态。

毛皮材质鞋款的绘制如图6-12所示。

①在已经绘制好的线稿上铺设基本色彩与色调关系。

②加强色调关系，开始塑造裘皮的毛质效果。由浅入深表现鞋子各部分的光影关系，前帮的毛皮部分是鞋的设计重点，需多分配时间加以表现，注意绘制时要遵循总体的明暗关系。

③进一步强调色彩关系，深入表现毛皮材质的质感，并注意其重点部位的刻画，着重表现毛皮材质视觉特点。

④进一步提亮毛皮材质的亮部，加强细节处理，完成效果图。

（a）确定基本色彩关系

（b）加强色彩关系

（c）深入刻画

（d）完成效果图

图6-12　毛皮材质女鞋效果图（李珉璐　供稿）

此外还需要根据毛绒的长短选择表现手法，长绒毛可以用细笔绘制，注重边缘的绒毛走向，短绒毛则可以据其质感选择适当的笔触加以表现（图6-13、图6-14）。

图6-13　短绒毛面料女鞋效果图
（陈嘉　供稿）

图6-14　毛绒材料女鞋效果图（任思嘉　供稿）

（十二）羽毛材质

羽毛是指禽类体表的片状及绒状纤维，羽毛质地轻软、柔韧，有一定弹性，具有较好的防水性能，有护体、保温、飞翔等功能。

羽毛的绘制与毛绒材质相似，需要顾及作品的整体造型效果，先确定羽毛在鞋款中的主次关系和重要性，以此为依据布局，注意在体现整体明暗关系的基础上对羽毛的重点部位进行刻画即可，切忌见山是山，反而事倍功半。羽毛材质女鞋效果图如图6-15所示。

图6-15　羽毛材质女鞋效果图（李霞　供稿）

（十三）帆布面料

帆布是一种质地粗厚的棉麻织物，因应用于船帆而得名。帆布通常分粗帆布和细帆布两大类。前者的表面质地和纹理更粗糙一些。

布面材料的光感都不强，在绘制中要注意体现柔和、自然的影调关系，也可以在一些重要的部位对面料的纹理感进行刻画（图6-16）。

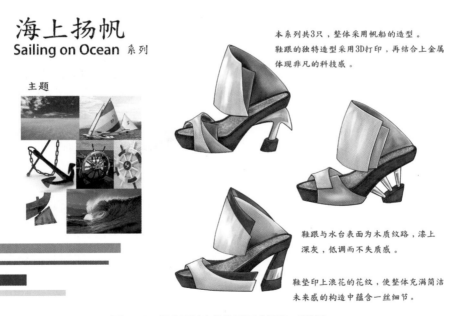

海上扬帆
Sailing on Ocean 系列

主题

本系列共3只，整体采用帆船的造型。
鞋跟的独特造型采用3D打印，再结合上金属体现非凡的科技感。

鞋跟与水台表面为木质纹路，漆上深灰，低调而不失质感。

鞋垫印上浪花的花纹，使整体充满简洁未来感的构造中蕴含一丝细节。

图6-16　帆布面料女鞋效果图（周楚　供稿）

（十四）麻质面料

麻布是以各种麻类植物纤维制成的一种布料。麻布制成的产品具有透气清爽、柔软舒适的特性，其强度极高、吸湿、导热、透气性好；缺点是触感粗糙，较为生硬。这一类面料可以采用彩铅、水粉或部分配合马克笔来表现，同时也可以选择有接近麻质肌理的水彩纸、特种纸等配合使用（图6-17）。

图6-17 麻质材料女鞋效果图
（郝芙蓉 供稿）

（十五）蕾丝面料

蕾丝是使用锦纶、涤纶、棉、人造丝等为主要原料，用丝线或纱线按照一定的图案编结而成的面料。蕾丝面料质地轻薄、通透，具有优雅而神秘的艺术效果。

蕾丝面料的表现，重点在于结合鞋的整体关系对面料中的图案进行细致表现。注意先完成鞋的整体造型和影调关系，再勾勒出蕾丝面料的图案，深入刻画面料的细节（图6-18）。

第二节 配饰绘制与工艺表现

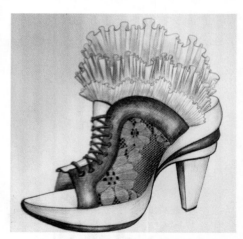

图6-18 蕾丝与百褶面料女鞋效果图
（李宁 供稿）

（一）金属色配件

金属配件与金属皮质在视觉效果与绘制方法方面有很多相似性。需注意的是，金属配件一般为硬质材料制成，其厚度一般较皮质更大。因此，在绘制时，要注意体现其立体感和块面转折的明确性。

金属色配饰的色彩感，高光、反光是重要的表现内容，要运用精准的硬线条去塑造和刻画。

1. 包含金色配饰的女鞋效果图绘制

包含金色配饰女鞋效果图的绘制步骤如图6-19所示。

① 构图、起稿造型，确定金属装饰件形态，并用水性笔进一步明确造型。

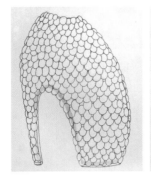   

（a）绘制线稿　　　　　（b）确定基本色彩关系　　　　（c）深入刻画　　　　（d）统一调整与完善

图6-19　包含金属配饰的女鞋效果图（李珉璐　供稿）

②铺大色调，从浅色着手，确定基本的体感和色彩关系。

③深入刻画，表现鞋的质感和体感，体现金属片的细节变化和质感。

④画面调整，完善整体关系，收拾画面。

常见的金色条带配饰效果如图6-20所示。

图6-20　金属配饰绘制（冉诗雅　供稿）

2. 铜色系五金件

铜色系配饰的绘制方法与金色配饰绘制方法相近，只是要注意铜色系的色彩较金属色暗，且反光效果也会明显减弱，如图6-21所示。

（a）绘制线稿　　　　　　（b）铺设基本色调

（c）深入刻画　　　　　　（d）整体调整与完善

图6-21　包含铜色配饰的女鞋效果图绘制（李珉璐　供稿）

（二）水钻配件

水钻，也称水晶钻、莱茵石等，通过将人造水晶玻璃切割成钻石刻面而形成晶莹、夺目的视觉效果，一般用于配饰制作辅件，在女鞋产品中有非常广泛的运用。根据水钻颜色的不同，可以分为白钻、色钻（各类单色钻），彩钻等。

绘制水钻，最重要的是表现其晶莹剔透的光感与质感效果，可以根据画面需要选择其中几颗进行重点表现，其他部分则可以刻画得稍简略些（图6-22）。此外，也可以直接在画面上粘贴水钻材料，实现更直接的表现效果。

图6-22　包含水钻配饰的女鞋效果图绘制
（杜佩　供稿）

（三）仿宝石配饰

鞋类设计师常将仿制宝石用于鞋的装饰配件，仿制宝石是指采用与天然宝石外观基本相似，但化学成分、物理性质、结构构造等完全不同的材料制成的仿制品。仿宝石材料精美璀璨，质地细腻，光泽度高，在绘制时要确定光源方向，找到高光点、明暗交界线、投影、反光，同时要注意其亮部光泽度和暗部反光的表现（图6-23）。

图6-23　包含仿宝石材料的女鞋效果图绘制（杜昭　供稿）

（四）珍珠配件

珍珠是一种有机宝石，主要产于珍珠贝类和珠母贝类软体动物体内。珍珠的种类丰富，形状各异，色彩斑斓，体现了高贵、典雅的气质，一般用于女性饰品，如项链，耳饰等。由于天然珍珠价格较高，市面上用于服饰配件的珍珠主要为人造珍珠，其内核由玻璃或塑料等材料制成，并在其表面施以珠光涂层。

绘制珍珠，要注意体现其形态及柔和的光影变化，适量的反光和温润的珠光质地，可以配合使用含有珠光的工具，在珍珠的亮面和灰面区域做一定的质感模拟（图6-24）。

（五）刺绣工艺表现

刺绣是运用针线在织物上穿刺的方法绣制各种装饰图案的技艺。刺绣是典型的中国传统手工艺，已有几千年的历史，发展至今主要有苏绣、湘绣、蜀绣和粤绣四大品类，同时不少的少数民族也代代传承了本民族的刺绣技艺。刺绣的技法繁多，用途广泛，在鞋类产品中的运用也较为常见。

在鞋类效果图中，对刺绣工艺的表现需注意体现刺绣图案的美感，刺绣材料的体感、质感和工艺效果，如针迹的模拟等（图6-25）。

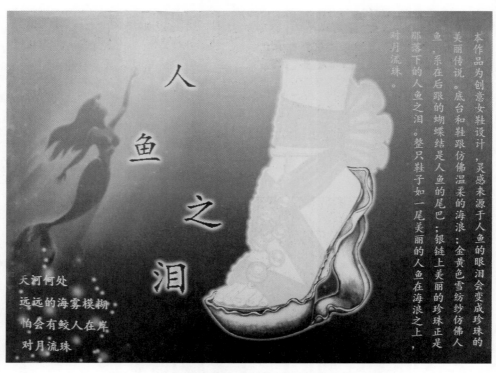

人鱼之泪

天河何处
远远的海雾模糊
怕会有鲛人在岸
对月流珠

本作品为创意女鞋设计，灵感来源于人鱼的眼泪会变成珍珠的美丽传说。底台和鞋跟仿佛温柔的海浪；金黄色雪纺纱仿佛人鱼，系在后跟的蝴蝶结是人鱼的尾巴；银链上美丽的珍珠正是那落下的人鱼之泪。整只鞋子如一尾美丽的人鱼在海浪之上，对月流珠。

图6-24　包含珍珠配饰的女鞋效果图绘制（谢林利　供稿）

图6-25　包含刺绣工艺的女鞋效果图绘制
（张雪青　何芳婷　供稿）

鞋类效果图技法

Drawing Skill of Footwear

（六）编织工艺表现

编织主要是运用较长的纤维以互相交错、勾连等方式进行组织的工艺方法。在鞋类产品中，主要是采用皮料、布料及其他合成材料进行各种形式的编织，以达到形式多样的装饰效果。

编织工艺的绘制表现需对鞋重点部分的工艺效果进行刻画，要交代清楚纤维的走向与衔接，而相对次要部分则可以简略一些。在影调的表现上要服从鞋的整体视觉效果，不能脱离鞋的光影关系而单独存在（图6-26）。

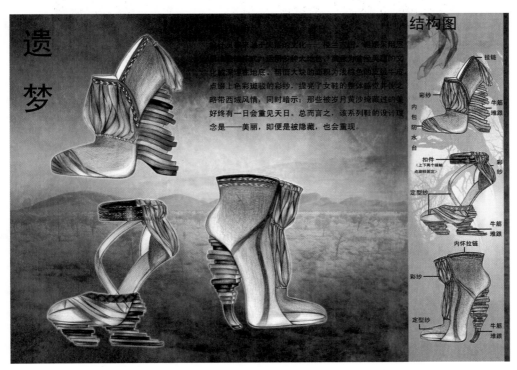

图6-26　包含编织工艺的女鞋效果图绘制（罗婷婷　供稿）

（七）镂空工艺表现

镂空是一种通过对材料进行透雕以体现材质通透性、细腻感、精美度的装饰技术。在鞋类产品中，皮料、纺织面料及跟底材料均可以采用镂空技术进行装饰。

镂空的绘画表现方法要注意局部服从整体，在对鞋的整体视觉效果把握的前提下，对主要镂空部分进行细致的表现（图6-27）。

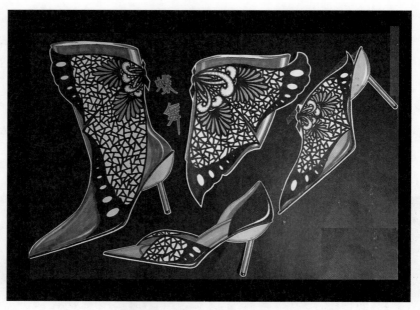

图6-27 包含镂空工艺的女鞋效果图绘制（王慧娟 供稿）

**思考
与练习**

1. 请设计一系列时尚鞋，自定主题，要求突出产品的材质及其搭配美感；材质表现准确，刻画精细，色彩与画材不限。

2. 请选择一种制鞋装饰工艺，分析其工艺特点及美感，并围绕这一装饰工艺设计一系列鞋款，要求整体设计上突出工艺的美感，并采用恰当的效果图技法进行细腻、精致的绘制表现。

第七章
鞋类效果图的计算机表现技法

第一节　计算机效果图与手绘效果图的异同

一、计算机效果图与手绘效果图的异同

　　随着时代的变化，计算机图形、图像软件的运用已经非常普及，各类通用性软件可以很好地完成鞋类效果图绘制，同时还有一些更具有针对性的专业鞋类设计软件可以提供更加高效、便捷的设计环境。

　　计算机及软件便于保存、复制、传输、方便建立图形库，可以最大化地模拟产品的真实感，全方位地展示产品，便于修改、管理和沟通，具有显而易见的优势，但是也具有一定的局限性。相较于手绘，计算机绘图相对生硬，不够灵动。人在绘制过程中可以非常灵活地驾驭工具，形成自然、流畅的节奏感，能够把握由心底到笔尖的效果，形成不可复制的手绘感和笔墨意趣。而计算机绘图速度则需根据软件特点一板一眼地完成，完成效果可以非常写实，但写意性却差了些，此外，计算机绘制的速度相对较慢，还需多运用数据库提高效率，而且工具的便携性也相对较差。

　　因此，在训练中可以各取所长，利用手绘锻炼造型能力，表达设计思想，塑造表现风格；利用计算机完成逼真的效果图绘制，通过高效的工具、命令和数据库运用，甩掉更多重复性的工作，把更多精力放在设计本身。同时，在一张效果图的绘制中，还可以充分发挥手绘和计算机绘图的优势，在设计之初采用草图形式快速构思产品造型，再通过扫描转换为电子文件，在其基础上完成更加细腻真实的效果图；也可以根据产品特点采用手绘加电脑局部绘制的方式完成。

二、计算机效果图的特点与要求

鞋类 CAD、CAM 技术已经非常成熟，几乎贯穿鞋类设计与生产的全过程。可以实现产品的效果图绘制、板样与结构设计、下料与裁断以及多种装饰工艺如绣花、雕刻等。就鞋类效果图而言，计算机图形处理软件可以实现产品的二维效果图绘制、三维建模、渲染等多个阶段的任务。

本书着重介绍几款高通用性软件，分别对 CorelDRAW 环境下的线描效果图绘制，PhotoShop 环境中的二维效果图表现及 Rhino 3D Nurbs 环境下的三维效果图表现进行简要的介绍。

第二节　CorelDRAW简介及该软件环境下鞋类效果图的绘制

CorelDRAW Graphics Suite（以下简称 CorelDRAW）是加拿大 Corel 公司开发的平面设计软件，该公司产品主要分为三个类别：图形设计软件、办公软件和数字媒体软件，其中 CorelDRAW 是图形设计软件的代表；PaintShopPro 是简单易用、功能强大的图像处理软件；而 Painter 系列软件是仿自然绘画技术的电脑美术绘画软件，它将传统的绘画方法和电脑设计完整地结合起来，形成了独特的绘画语言和造型效果。

（一）软件功能、特点及优势

CorelDRAW 软件是矢量图形制作软件，该软件可以应用于矢量动画、页面设计、网站制作、位图编辑等，软件具有强大的图形编辑能力，它包含两个绘图应用程序：一个用于矢量图及页面设计，另一个用于图像编辑。这套绘图软件组合带给用户强大的交互式工具，使用户通过简单操作就可以创作出多种富于动感的特殊效果及点阵图像即时效果，具有小巧、灵活的特性。该软件自 1989 年问世以来历经多次改进，其中代表性的历史版本有 3、7、9、12、X2、X4、X5、X7，目前的最新版本为 CorelDRAW 2018，在 MAC 平台上也有 11 个版本。

在鞋类效果图绘制中，主要运用 CorelDRAW 软件的图形编辑功能绘制鞋的造型结构，同时还可以利用其色彩工具、交互式工具以及诸多菜单命令实现效果图的深入和完善。

（二）软件的运用

CorelDRAW 在形状编辑功能方面具有便捷、高效、直观的优势，也是在鞋类效果图绘制中运用最多的模块之一；随着该软件的不断更新和完善，在色彩和材质表现方面也有很大的突破，以下就鞋款的绘制进行举例。

（1）单击工具箱中的 ⚡【贝塞尔曲线】按钮，连续单击鼠标左键勾勒鞋底侧面的初步形状；单击工具箱中的 ⚮【造型工具】按钮，框选中全部节点，点击属性栏中的 ⌒【转化直线为曲线】按钮，将图形调整到合适形状（图7-1）。

（2）单击工具箱中的 ▶【选取工具】，同时框选中两个部分的图形，单击工具栏上的【排列】→【造型】→【修剪】按钮，在界面右边弹出对话框，勾选【来源物件】选框，先点击用来修剪的图形，单击【修剪】按钮，再点击需要被剪切的图形（图7-2）。

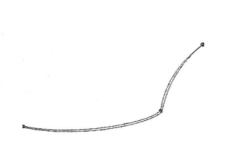

图7-1　初步形状

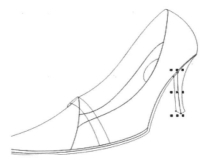

图7-2　完成鞋款线稿

（3）单击工具箱中的 ▶【选取工具】，选中要添加材质的图形；单击工具箱 ⬦【填色工具】中的 ▦【材质填色】按钮，弹出【材质填色】对话框，在【材质库】中选择【wool】材质，设置【Texture】为5823，【Softness】为50，【Density】为35，【Brightness】为 –40，点击【确定】按钮，完成帮面填充（图7-3）。

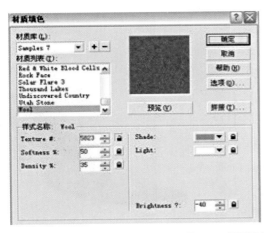

图7-3　帮面填充材质

（4）单击工具箱中的 ▶ 【选取工具】，选中要添加材质的横带，单击工具箱 ◇ 【填色工具】中的 ▒ 【材质填色】按钮，弹出【材质填色】对话框，在【材质库】中选择【Blocks】材质，设置【Texture】为 723，【Softness】为 100，【Density】为 25，【eastern light】为 –16，【northern light】为 –11，【Volume】为 0，【shade】和【light】为默认设置，或者改为其他需要的颜色，【Brightness】为 –20，点击【确定】按钮。以同样的方法完成里料、内底及品牌标志部分的材质填充（图 7-4）。

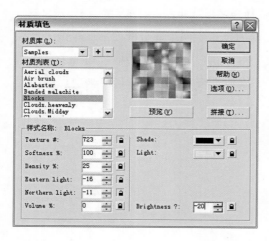

图7-4 里料、内底部分材质填充

（5）鞋跟的立体感设置：单击工具栏中的 ♀ 【互动式透明工具】按钮，在属性栏中设置透明度类型为【渐变】，单击【线形渐层透明度】按钮；在已添加材质的图形上拖出光影效果（图 7-5）。

（6）帮面立体感设置：单击工具栏中的 ♀ 【互动式透明工具】按钮，在属性栏中设置透明度类型为【渐变】，单击【圆形渐层透明度】按钮；根据各部位光影效果进行调整（图 7-6）。

图7-5 表现鞋跟体感

（7）针车线设置：单击工具箱中的 ❤ 【贝塞尔曲线工具】按钮，勾画并用 ♠ 【造型工具】调整好针车线，单击菜单栏中的 ♠ 【轮廓工具】工作组中的 ♠ 【轮廓画笔对话框】按钮，弹出【外框笔】对话框，设置【宽度】为 353mm，调整【样式】为虚线。最后，多次运用菜单栏中【安排】→【排序】→【向后一层】命令，调整针车线图层的顺序到横带后（图 7-7）。

图7-6 调整帮面光影效果

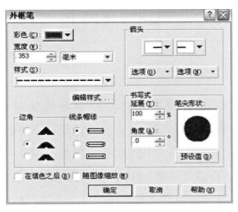

图7-7　完成前帮针车线效果

（8）最终效果图完成（图7-8）。

以上仅仅是CorelDRAW软件的基础性运用，在对软件功能达到融会贯通的理解之后，还可以完成更为复杂的效果图。CorelDRAW环境下完成的女鞋效果图如图7-9所示

图7-8　最终效果图

图7-9　CorelDRAW环境下完成的女鞋效果图（冉诗雅　供稿）

第三节　Adobe Photoshop简介及该软件环境下鞋类效果图的绘制

Adobe Photoshop，简称"PS"，是由 Adobe 公司开发和发行的图像处理软件。Adobe 支持 Windows 操作系统、安卓系统与 Mac OS，但 Linux 操作系统用户可以通过使用 Wine 来运行 Photoshop。该软件主要处理以像素所构成的数字图像，用户可以运用软件中众多的编修与绘图工具，有效地进行图像编辑工作。PS 有很多功能，在图像、图形、文字、视频、出版等各方面都有涉及。1990 年 2 月，Photoshop 版本 1.0.7 正式发行，迄今为止已经推出了 20 余个版本，其中 1.0、CS、CC 等都是具有里程碑意义的版本，目前 Adobe Photoshop CC2018 为最新版本。

一、软件功能、特点及优势

Adobe Photoshop 软件可分为图像编辑、图像合成、校色调色及功能色效制作部分等几大版块。

其中，图像编辑是图像处理的基础，可以对图像做各种变换如放大、缩小、旋转、倾斜、镜像、透视等；也可进行复制、去除斑点、修补、修饰图像的残损等。图像合成则是将几幅图像通过图层操作、工具应用合成完整的、传达明确意义的图像；该软件提供的绘图工具让外来图像与创意很好地融合。校色调色可方便快捷地对图像的颜色进行明暗、色偏的调整和校正，也可在不同颜色模式之间进行切换以满足图像在不同领域如网页设计、印刷、多媒体等方面应用。特效制作部分主要由滤镜、通道及工具综合应用完成，包括图像的特效创意和特效字的制作，如油画、浮雕、石膏画、素描等常用的传统美术技巧都可在该软件环境下进行模拟。对于鞋类设计师而言，对 Adobe Photoshop 的运用一方面可以编辑鞋的造型和结构，更为重要的是，可以通过软件完成鞋款立体感和材质感的塑造，实现对产品真实效果的模拟。

二、软件的运用

（1）运用 CorelDRAW 软件完成鞋类的线稿绘制，并简单上色，导出为 jpg 格式，精度为 300dpi（图 7-10）。

（2）打开 PhotoShop 软件，将已导出的文档和皮革材质图片打开，单击工具栏中的【移动工具】按钮，拖动材质到效果图文件中，移动到需要填充的位置（图 7-11）。

图7-10 填充颜色后的效果　　　　　　　图7-11 移入材质

（3）单击菜单栏中的【编辑】→【自由变换】命令，把材质图层自由变换到能覆盖住需要填充的区域。

注：如果材质图片比鞋子图形过小，需要复制几张再进行拼贴。右键点击材质图层图标，选择【复制图层】，重复操作几次；单击工具箱中的 【移动工具】按钮将复制的图层移动到合适位置；单击工具栏的 【仿制图案工具】按钮，处理拼接痕迹。先按住 ALT 键的同时在平整区域点一下，再松开 ALT 键，在相接部分涂抹至满意效果，运用菜单栏中的【图层】→【向下合并】命令，合并所有材质图层（图 7-12）。

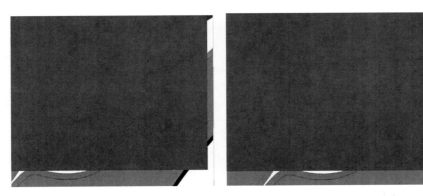

图7-12 合并图层

（4）单击工具栏的 【魔棒工具】按钮，在属性栏中设置【容差】为30，勾选【消除锯齿】和【连续的】两个选框；激活背景图层，选出鞋帮面部分，点击鼠标右键，选择【通过拷贝的图层】拷贝成新图层，激活材质图层，按住 Ctrl 键的同时点击帮面图层图标将其载入选区，单击菜单栏中的【选择】→【反选】命令，按 Delete 键删除多余部分，用同样的方法处理鞋跟后部；单击工具栏中的 【渐变工具】按钮，在属性栏中使用默认的【黑白渐变】，对鞋跟以及大底部分进行渐变填充（图 7-13）。

图7-13 渐变填充后的效果

（5）单击工具栏的 【魔棒工具】按钮，在属性栏中设置【容差】为30，勾选

【消除锯齿】和【连续的】两个选框，激活背景图层，选出近端沿条部分；点击工具箱中的【设置前景色】，弹出【拾色器】对话框，设置前景色为黑色，单击工具箱中的  【油漆桶工具】按钮，在属性栏中设置【填充】为【前景】，填充近端沿条的部分，点击鼠标右键，选择【通过拷贝的图层】，将近端沿条拷贝成新图层。同样，将远端沿条填充后拷贝成新图层（图7-14）。

图7-14　沿条前景色填充后的效果

（6）双击近端沿条图层图标右侧空白处，弹出【图层样式】对话框，勾选【斜面和浮雕】选框，设置【样式】为【内斜面】，在【深度】文本框中输入171，在【大小】文本框中输入7，在【软化】文本框中输入10，其余按默认设置（图7-15），点击【好】按钮后添加图层样式，勾选【斜面和浮雕】选框，设置【样式】为【内斜面】，在【深度】文本框中输入80，在【大小】文本框中输入50，在【软化】文本框中输入10，其余按默认设置，点击【好】按钮（图7-16）。

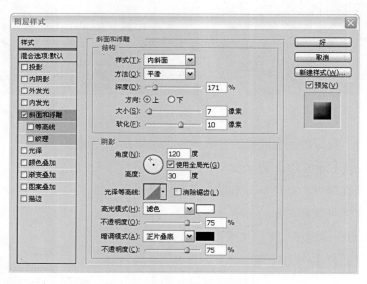

图7-15　设置图层样式

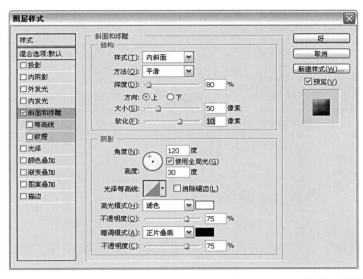

图7-16　为沿条添加图层样式后的效果

（7）里料部分处理：单击工具栏中的██【渐变工具】按钮，在属性栏中使用默认的【黑白渐变】，对鞋里进行渐变填充（图7-17）。

（8）单击工具栏中的██【多边形套索工具】按钮，在属性栏中设置【羽化】为0像素，选出需要做明暗处理的部分，鼠标右击选区选择【羽化】，弹出【羽化半径】对话框，设置【半径】10像素，单击【好】按钮（图7-18）。

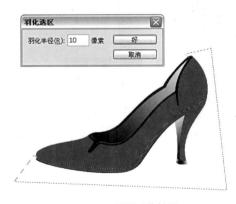

图7-17　鞋里渐变填充效果　　　　　　　图7-18　设置羽化效果

（9）单击菜单栏中的【图像】→【调整】→【亮度/对比度】命令，弹出【亮度/对比度】对话框，按需要设置数值，例如设置【亮度】为 −10，设置【对比度】为 0（图 7-19）。

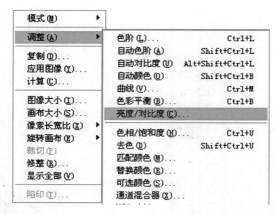

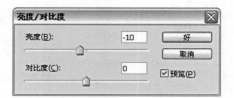

图7-19 设置【亮度/对比度】

（10）重复【羽化】、【亮度 / 对比度】的操作直到满意效果。参照以下步骤，处理其他需要做明暗处理的部分，如口门、鞋尖、第五跖趾关节处、鞋跟的后部与前部等（图 7-20）。

图7-20 处理鞋子各部分细节

（11）为完成的效果图增加背景，进行整体设计，最终效果图如图 7-21 所示。

通过 PhotoShop 软件可以实现非常细腻的鞋类效果图绘制，在对软件熟练运用的基础上，还要以设计稿最终的效果为中心，对整个制作过程进行高效、合理的规划。Photoshop 环境下完成的男鞋效果图如图 7-22 所示。

图7-21 最终效果图（孙羽 供稿）

图7-22 Photoshop环境下完成的男
鞋效果图（李珉璐 供稿）

第四节　Rhino3D Nurbs简介及该软件环境下
　　　　鞋类效果图的绘制

一、软件的功能、特点及优势

Rhino3D Nurbs，即常说的犀牛软件，是一款基于 Nurbs 的专业三维建模软件，由美国 Robert McNeel & Assoc 公司开发，可以应用于三维动画制作、工业制造、科学研究以及机械设计等领域。它能整合 3DS MAX 与 Softimage 的模型功能部分，对要求精细、弹性与复杂的 3D Nurbs 模型有极好的效能，其输出的格式适用于绝大多数 3D 软件。该软件自 1998 推出以来，以其配置、内存空间要求的经济性和制作效果的细致、完善而闻名。

Rhino3D Nurbs 可以创建、编辑、分析和转换 Nurbs 曲线、曲面和实体，并且在复杂度、角度和尺寸方面没有任何限制。该软件主要是为设计和创建 3D 模型而开发的，但也带有一定的渲染功能，可以实现初步的渲染效果，当然还可以结合其他专业的渲染软件实现高质量的渲染效果。

二、软件的运用

（1）打开 Rhino，单击工具栏中的【控制点曲线】按钮，连续单击鼠标左键，在【top 视图】中绘制鞋的底面轮廓（图 7–23）。

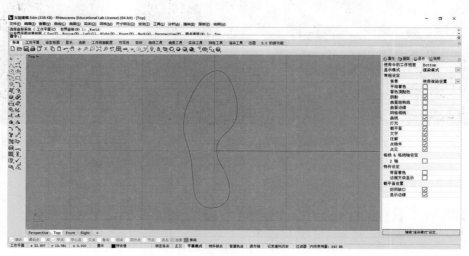

图7-23　绘制鞋底轮廓

（2）单击工具栏中的【控制点曲线】按钮，连续单击鼠标左键，在【right 视图】中绘制出鞋底侧面基准线（图 7–24）。

（3）在工具栏中选择【弹出"建立曲面"】，点击菜单中的【直线挤出】，选中要挤出的曲线（图 7–25）。

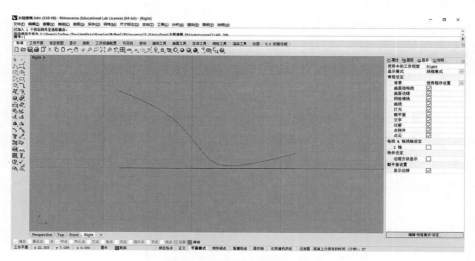

图7-24　绘制鞋底侧面基准线

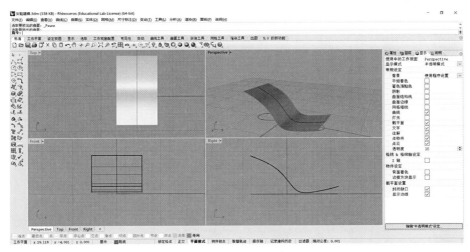

图7-25　选中要挤出的曲线

（4）在工具栏中选择【投影曲线】，选中底面轮廓曲线，将其投影在挤出的曲面上，得到鞋子中底的轮廓线（图7-26）。

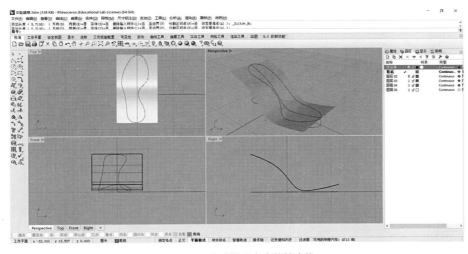

图7-26　完成鞋子中底的轮廓线

（5）在工具栏中选择【修剪】命令，选中中底轮廓线为修剪物件，选中挤出曲面为被修剪物件，按 Enter 键确认，可以得到中底的一个面（图7-27）。

（6）在工具栏中选择【弹出"建立实体"】，点击菜单中的【挤出曲面】，选中步骤5中得到的面，按 Enter 键确认，确定挤出厚度，按 Enter 键确认，得到中底的形状（图7-28）。

（7）参照图7-28，可得到大底形状。在右侧【图层】中选择物件，右键单击某个图层，选择【改变物件图层】来将不同物件以不同的图层颜色来区分，便于观察（图7-29）。

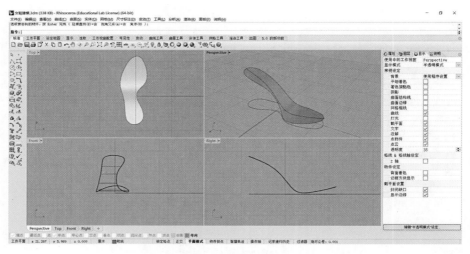

图7-27　得到中底的面

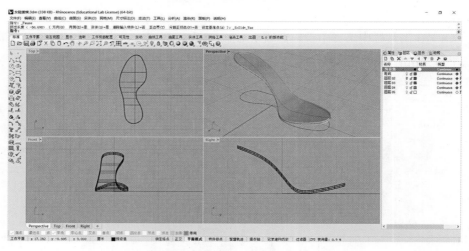

图7-28　生成中底的完整形状

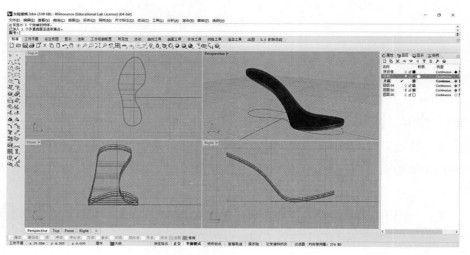

图7-29　生成大底形状

（8）在工具栏中选择【弹出"实体工具"】，点击菜单中的【不等距边缘圆角】，选择中底、上边缘，按 Enter 键确定，再调整边缘的圆角控制杆，选择合适的半径，按 Enter 键确认。中底、大底的上、下边缘皆按此方式处理（图 7-30）。

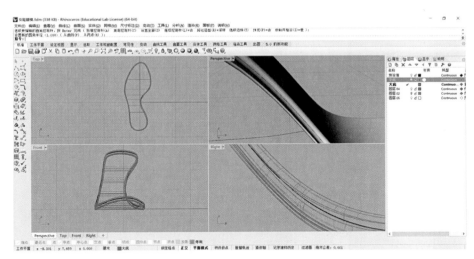

图7-30 对中底、大底边缘进行处理

（9）参照以下步骤，完成鞋垫造型，至此，鞋底部分的模型建立完成（图 7-31）。

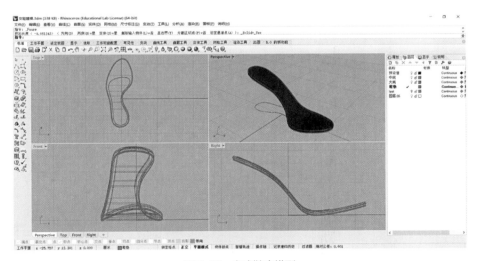

图7-31 完成鞋底模型

（10）单击工具栏中的【控制点曲线】按钮，运用鼠标左键在【top 视图】中绘制鞋跟上底面轮廓（图 7-32）。

（11）在工具栏中选择【投影曲线】，选中鞋跟上底面轮廓曲线，将其投影在大底的曲面上。选中大底上侧的曲线，Delete 删除，留下下侧的曲线，即鞋跟上底面轮廓（图 7-33）。

（12）同理，按照图 7-33 的方法绘制出鞋跟下底面轮廓（图 7-34）。

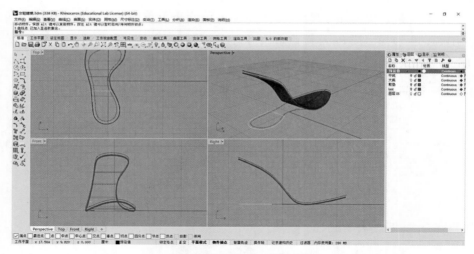

图7-32 绘制鞋跟上底面轮廓

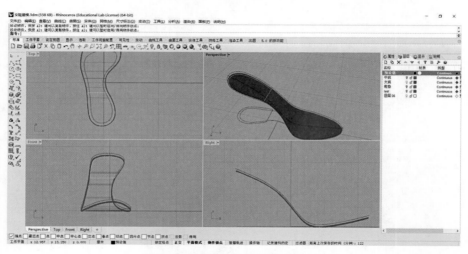

图7-33 完成鞋跟上底面轮廓绘制

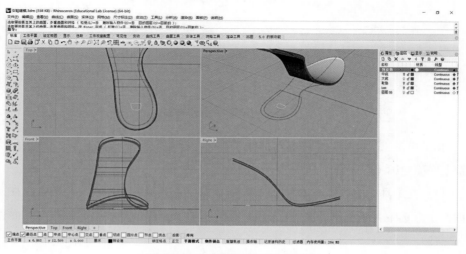

图7-34 完成鞋跟下底面轮廓绘制

（13）使用【控制点曲线】绘制鞋跟纵向轮廓线，再使用工具栏中的【打开点】将曲线调整至合适位置（建议打开物件锁点）（图7-35）。

（14）在工具栏中选择【弹出"建立曲面"】，点击菜单中的【双轨扫掠】，依次横向、竖向选择轨迹和断面曲线，按 Enter 键确定，此时可得到鞋跟的一个侧面（图7-36）。

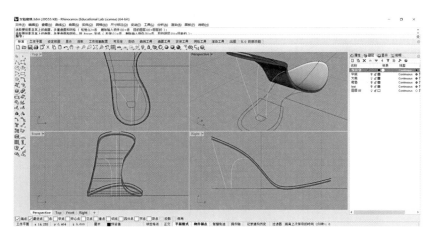

图7-35　绘制鞋跟纵向轮廓线

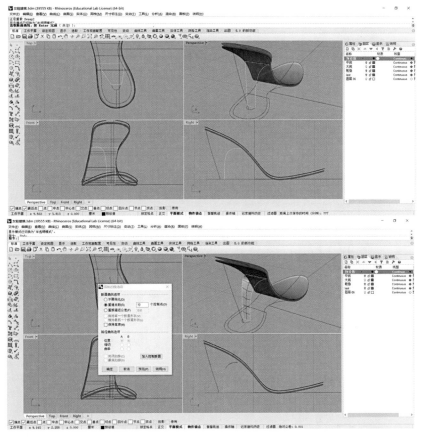

图7-36　生成鞋跟的一个侧面

（15）以图 7–36 相同的方法建立鞋跟的另一个面，至此得到整个鞋跟的侧面（图 7–37）。

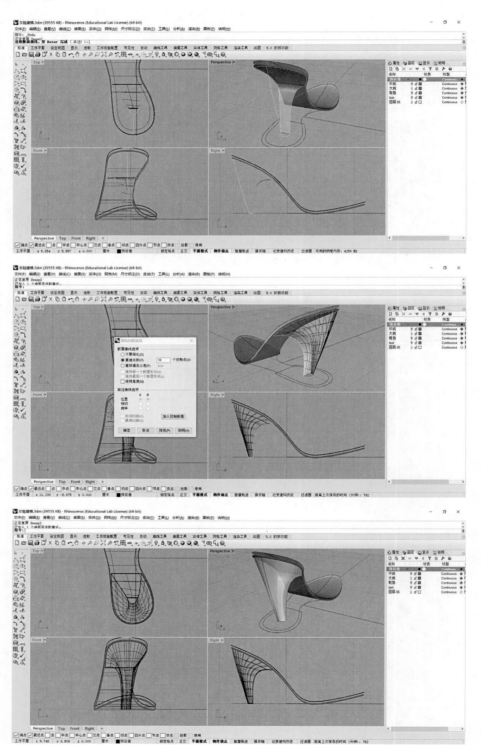

图7-37　生成整个鞋跟的侧面

（16）在工具栏中选择【弹出"建立曲面"】，点击菜单中的【嵌面】，分别调整 U、V 方向的跨距数，直至达到满意的效果，按 Enter 键确认，鞋跟部分模型建立完成（图 7-38）。

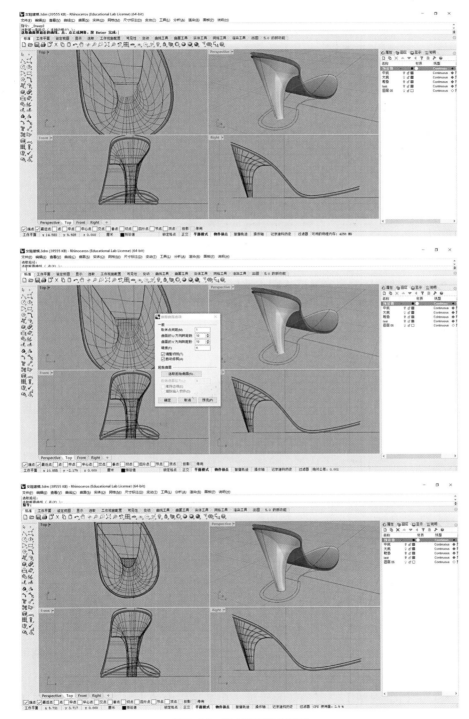

图7-38　建立鞋跟部分模型

（17）选中鞋跟的下底面，点击工具栏中的【弹出"建立实体"】，选择【挤出曲面】，向下挤出合适的厚度，建立天皮部分的造型（图7-39）。

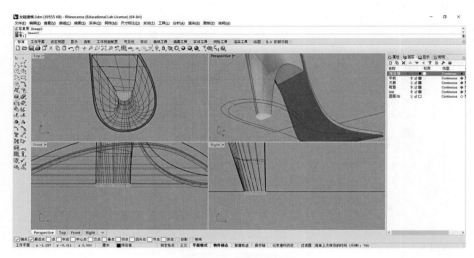

图7-39　完成天皮造型

（18）跟、底面模型建立完成（图7-40）。

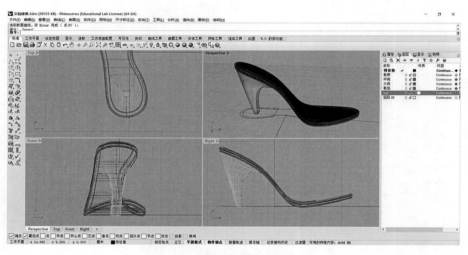

图7-40　跟、底面模型建立完成

（19）在【right视图】使用【控制点曲线】绘制两根直线，定义鞋前部的条带位置。在工具栏中选择【弹出"建立曲面"】，点击菜单中的【直线挤出】建立辅助平面（图7-41）。

（20）在【top视图】绘制条带的轮廓，在工具栏中的【打开点】，调整至适合形状，使用【投影曲线】将轮廓线投影至辅助面上（图7-42）。

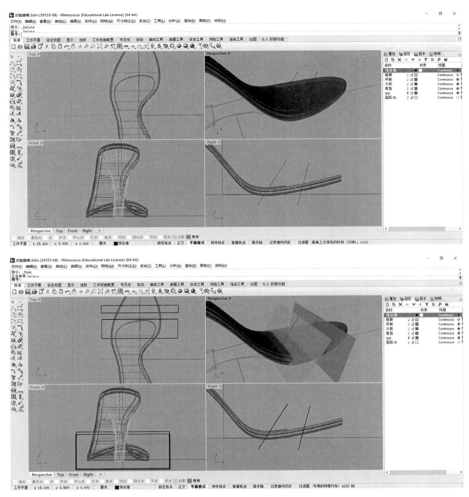

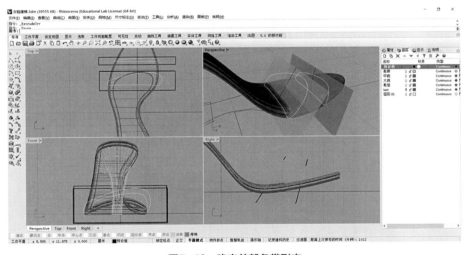

图7-41　确定前帮条带位置

图7-42　确定前帮条带形态

（21）在【right 视图】用【控制点曲线】绘制条带侧面的基准线，在工具栏中选择【弹出"建立曲面"】，点击菜单中的【单轨扫掠】，以侧面基准线为轨迹，以步骤（20）中所得曲线为断面曲线，按 Enter 键确认，建立条带侧面（图 7–43）。

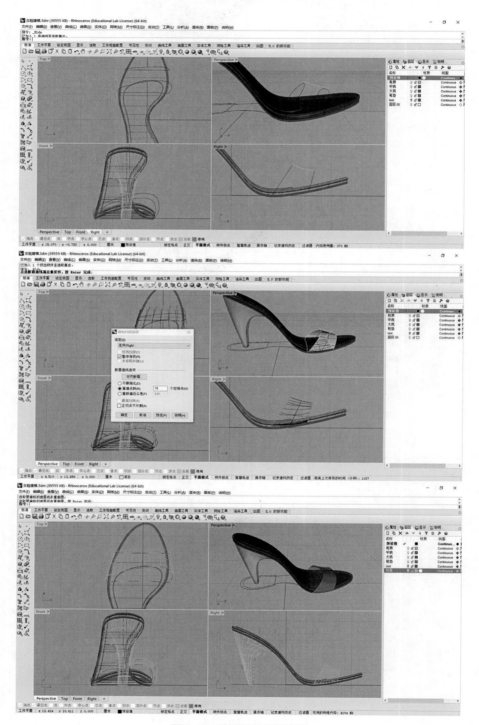

鞋类效果图技法

Drawing Skill of Footwear

图7-43　完成前帮条带造型

（22）重复以上步骤，建立中帮条带造型，至此，帮面模型建立完成（图7-44、图7-45）。

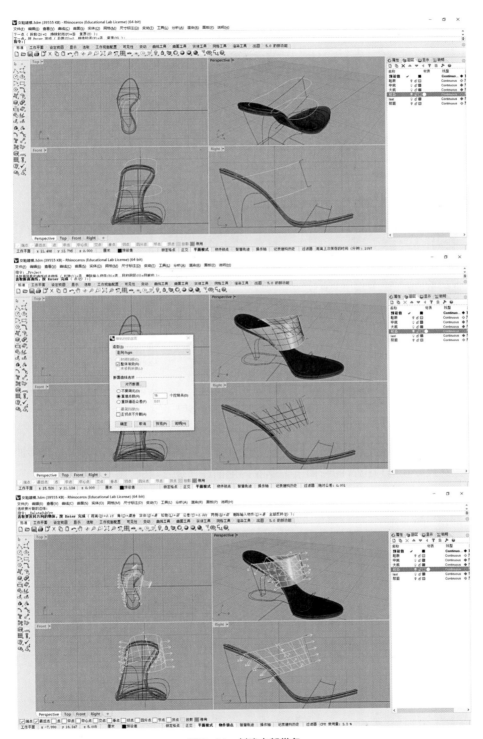

图7-44 创建中帮带条

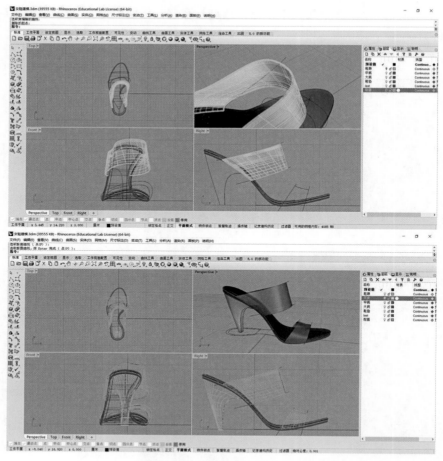

图7-45　完成中帮条带造型

（23）在【right视图】使用【控制点曲线】工具绘制一条曲线，使用【投影曲线】工具将其投影在对应位置的帮面上，删除内侧曲线（图7-46、图7-47）。

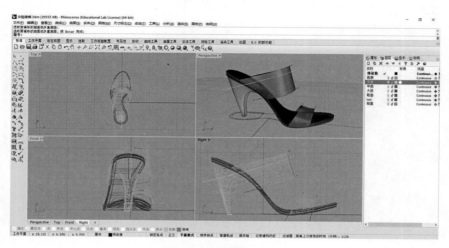

图7-46　绘制装饰件部位

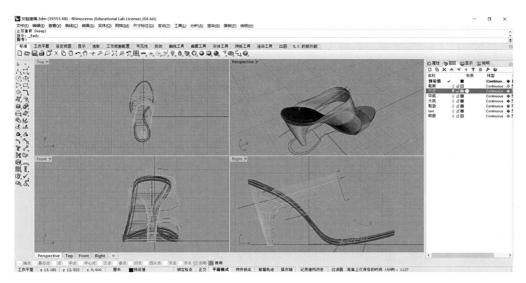

图7-47　确定装饰件部位

（24）在工具栏中单击【弹出"建立实体"】，选择【球体】工具，建立一个合适大小的球体作为装饰镶嵌珠子的基本单元（图7-48）。

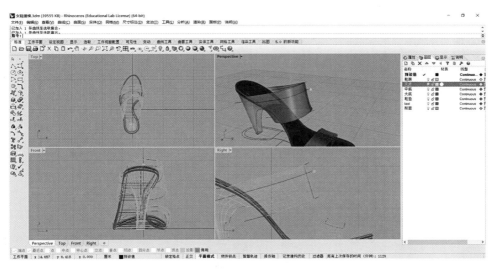

图7-48　建立装饰件基本形

（25）在工具栏中单击【弹出"阵列"】，选择【沿着曲线阵列】选项，选择球体为阵列对象，按 Enter 键确认，选择图 7-44 中所得曲线为路径曲线，选择合适的阵列项目数，按 Enter 键确认（图 7-49）（此处需要将球体移动到曲线端点上，建议打开物件锁点）。

（26）模型建立完成（图 7-50、图 7-51）。

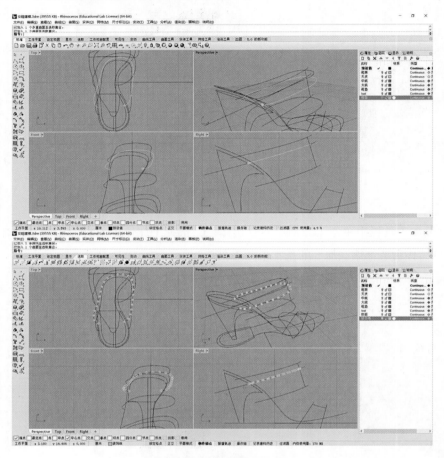

图7-49　完成装饰件造型

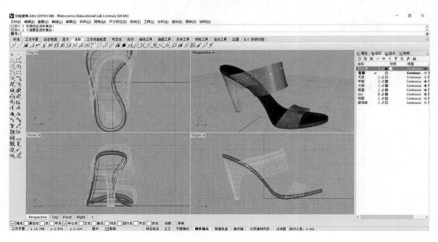

图7-50　完成模型

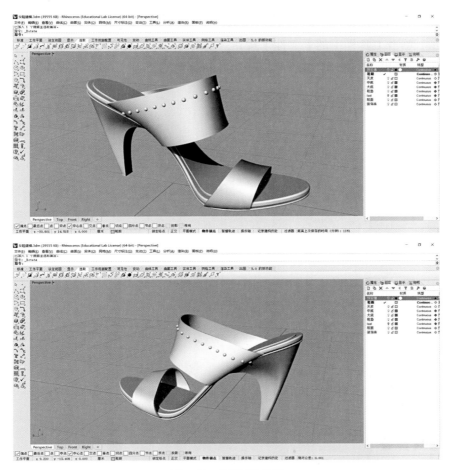

图7-51　模型最终效果

（27）为了更好地呈现鞋款的设计效果，可以对模型进行渲染，以下选择 Keyshot 软件完成对凉鞋的渲染，首先，打开软件，单击工具栏中的【文件】按钮，选择【新建】（图 7-52）。

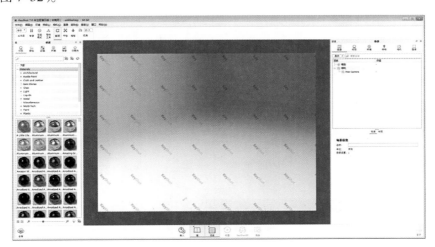

图7-52　在Keyshot中新建文件

（28）单击工具栏中的【文件】按钮，选择【导入】，打开已经建立完毕的模型，点击【导入】（图7-53）。

（29）在右侧【项目】栏中选择需要改变材质的图层，在此以"帮面"图层为例：选中"帮面"，在主视图中会有对应的边缘强调显示（图7-54）。

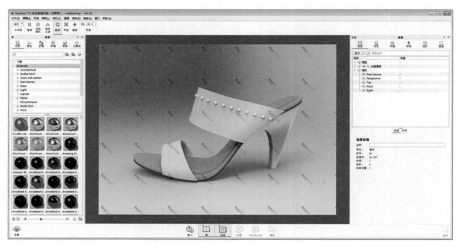

图7-53　导入模型文件，选择需要渲染的模型

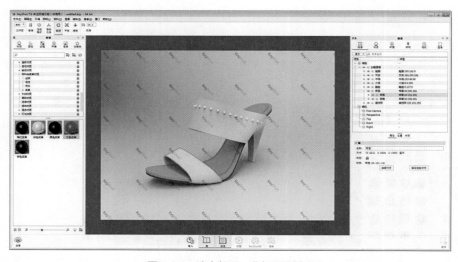

图7-54　选中帮面，准备设置材质

（30）在左侧【库】栏中选择需要改变的材质，将材质拖动至需要改变的图层（图7-55）。

（31）参照以上步骤，选择不同的材质搭配，完成模型主体渲染。需要注意的是，如果软件默认的材质不能满足需求，需另外安装材质包（图7-56至图7-60）。

（32）需要注意的是，渲染时材质的分布是以建模时的图层为单位，如需单独渲染某一部分的材质，需要选中该部分，并选择右侧【项目】中的【解除连接材质】（图7-61）。

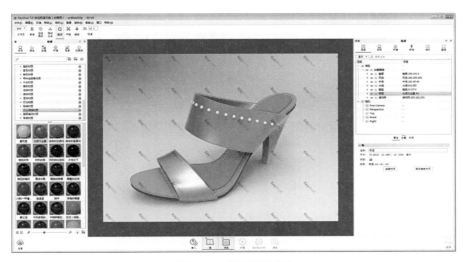

图7-55　设置帮面材质

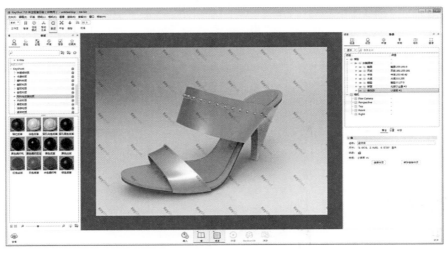

图7-56　渲染中帮配饰

图7-57　渲染鞋底

图7-58　渲染内底

图7-59　渲染大底

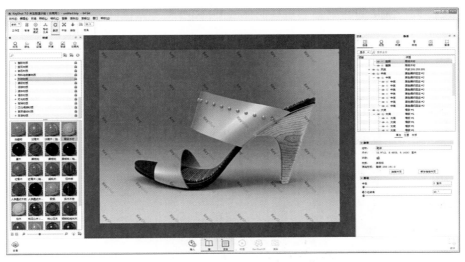

图7-60　渲染鞋跟

图7-61　完成模型的渲染部分

（33）接下来，可以对模型所处的环境进行设置：在左侧的【库】栏中点击【环境】按钮，选择一个合适的环境，拖动至主视图（图7-62）。

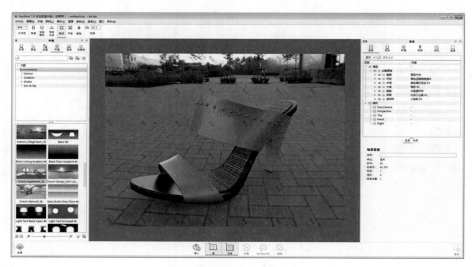

图7-62 设置效果图的环境

（34）此外，也可以为模型选择背景：在左侧的【库】栏中点击【背景】按钮，选择一个合适的背景，拖动至主视图（图7-63）。

（35）点击上方工具栏中的【查看】，选择【演示模式】（Shift+F），可以查看效果（图7-64）。

通过三维软件可以建立准确、完善、全角度的鞋类效果图，同时还可以结合相关的渲染工具进行后期处理，以实现更为真实、美观的效果。以 Rhino 3D Nurbs 为主完成的运动鞋效果图如图 7-65 所示。

图7-63 为模型设置背景

图7-64　演示模式下查看效果

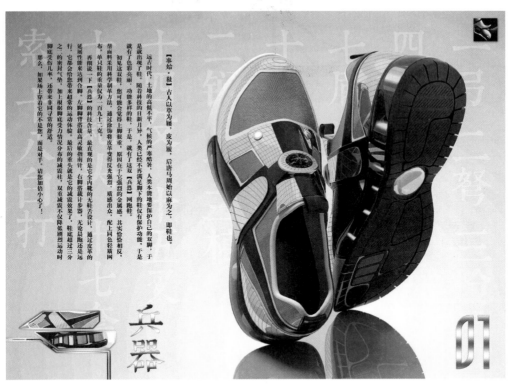

图7-65　以Rhino 3D Nurbs为主完成的运动鞋效果图（骆隽东　供稿）

四、3D设计软件和3D打印的结合

当然，运用 3D 软件完成鞋款模型后，还可以结合 3D 打印机实现鞋款模型的打印和制作（图 7–66）。

图7-66　运用3D打印机完成跟、底的鞋款实物（赵书漾　供稿）

思考
与练习

1. 请设计一系列童鞋，结合运用 CorelDRAW 和 PhotoShop 两个设计软件，制作出完善、逼真的设计效果图。
2. 请设计一款运动鞋，运用 Rhino3D Nurbs 进行建模并选择恰当的渲染工具完成后期效果。

第八章
鞋类效果图的后期设计与
案例赏析

第一节　鞋类效果图的后期设计与装裱

一、鞋类效果图的后期设计

一张完整的设计效果图，除了准确、生动的造型，优美的色彩设计和合理的立体效果以外，为了取得更为完善的效果，设计师还可以在此基础上进一步增加设计说明，对作品的画面效果进行设计，并搭配恰当、美观的装裱材料。

其中，设计说明具体包含作品构思与灵感来源的概述和色彩、面料、工艺的运用思路等信息，以上内容可以采用图形、图像、文字、材料、面料小样等形式结合完成。

作品的画面设计必须以鞋的设计为中心，选用符合鞋设计表现风格的造型元素，如文字、色彩、图案等进行合理的配置，更好地衬托作品的设计感，达到赏心悦目的效果。

二、鞋类效果图的装裱目的与用途

在一张鞋履效果图完成以后，为了呈现更好的设计效果，往往还需进行作品的装裱设计与制作。当然，这也要根据效果图的用途而言，如果是公司中最常规的产品效果图，一般采用线稿表现，加上材质和工艺的设计标示与说明即可采用；如果是较为重要的设计效果图，例如新季主打产品的开发等，则需要更为完善的效果表现；如果是用于重要产品的设计提案或设计大赛，作品的精致程度要求也随之提高。

对效果图进行装裱，是为了更好地呈现作品的设计效果与美感。因此，设计师必须选用与作品设计风格一致的装裱材料进行精心的设计、装帧。

一般来讲，装裱的材料分为底材、边材两类，底材一般选用有一定厚度的 KT 板、白板纸、有色卡纸及其他的特种纸张等，可以采用粘贴等裱板的方式把作品固定在底材上。如果还需要加装边材，设计师就可以根据底材的特点确定边材的选择，如 KT 板往往会搭配同色的塑料边条；纸质的底材可以选择塑料边条、木质或仿木质边条、金属或仿金属边条等。图 8-1 至图 8-5 为不同形式的效果图装裱。

图8-1　我不是荆棘　女鞋设计（李珉璐　供稿）

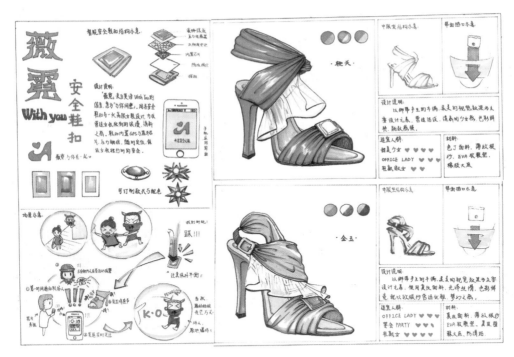

图8-2　薇霓　女鞋设计（李珉璐　供稿）

图8-3　第十一个小印第安　童鞋设计（李珉璐　供稿）

图8-4 魔法蜘蛛 童鞋设计（董坤坚 供稿）

图8-5 青旗 女鞋设计（张雪青 供稿）

第二节　鞋类效果图设计案例赏析

　　当然，在鞋类效果图的画面整体设计上，设计师也要有意识地突出画面中各因素的主次与强弱层次。必须围绕鞋款产品来布局，背景、说明性图片与文字可以根据鞋的位置关系进行合理的设计。

　　针对不同鞋类效果图的设计需要，可以结合产品设计风格、格调呈现与视觉美感进行各类设计元素的选择与运用，如图8-6至图8-13所示。

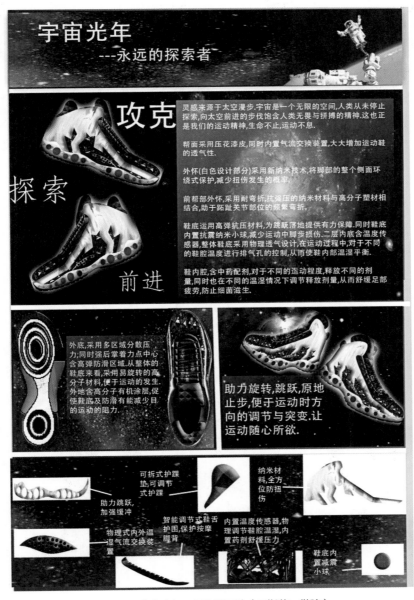

图8-6　宇宙光年　运动鞋设计（王斯蕙　供稿）

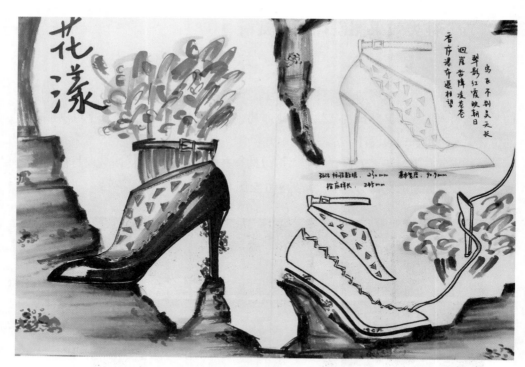

图8-7　花漾　女鞋设计（蒋柯　供稿）

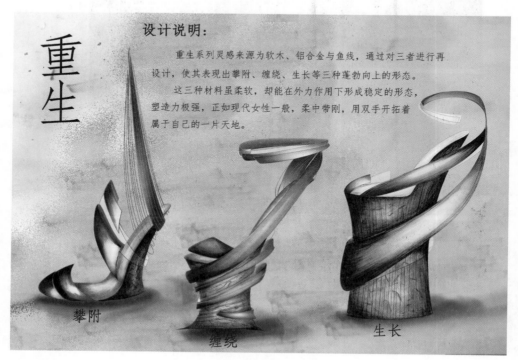

图8-8　重生　女鞋设计（丁婉婧　供稿）

鞋类效果图技法

Drawing Skill of Footwear

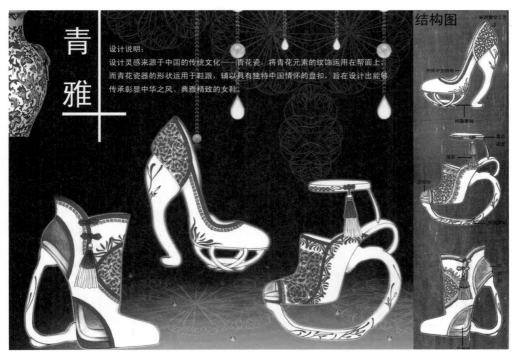

图8-9　青雅　女鞋设计（罗婷婷　供稿）

图8-10　桃花扇　女鞋设计
（冷梦春　供稿）

作品名称：镜生

设计说明：本系列设计灵感来源于建筑外侧的玻璃幕墙以及镜
子等镜面反射的物体，风格为有科技感的未来风格，
表达了人们对科技与未来复杂的向往。

工艺：3D打印，手工真皮大底，翻缝拼接，胶粘

使用材料：3D打印用树脂，真皮，超纤合成革，镜面墙贴

镜
生

图8-11　镜生　女鞋设计（赵书漾　供稿）

原子·流 Atomic·Soft

设计主题：

　　本系列的设计灵感源自于表现化学结构的球棍模型。球型结构
表示的原子中心，用于连接球体的线则表示化学键。

　　鞋跟的部分采用原子构造进行支撑与包裹帮面。帮面的灵感则
来自于液态金属，流动的同时却又能体现出女鞋的曲线美。

　　有形的球棍原子模型与流体
的液态金属相组合，刚柔并济，
相得益彰。

球棍构型：3D打印

鞋底、鞋跟：3D打印

帮面：光面漆革

里料：绒面革

图8-12　原子流　女鞋设计（周楚　供稿）

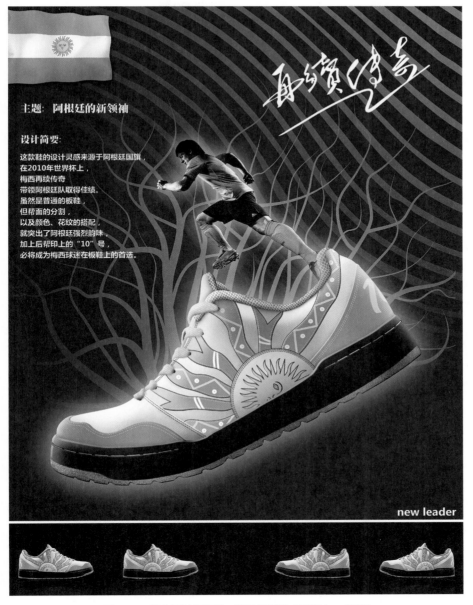

主题：阿根廷的新领袖

设计简要：
这款鞋的设计灵感来源于阿根廷国旗，
在2010年世界杯上，
梅西再续传奇
带领阿根廷队取得佳绩。
虽然是普通的板鞋，
但帮面的分割，
以及颜色、花纹的搭配，
就突出了阿根廷强烈韵味，
加上后帮印上的"10"号，
必将成为梅西球迷在板鞋上的首选。

new leader

图8-13　阿根廷的新领袖　运动鞋设计（骆隽东　供稿）

思考
与练习

1. 请分别搜集 10 张你认为装裱优美和装裱失败的鞋类效果图，并分析其原因。

2. 请以"22世纪"为设计主题，大胆设想，完成一款鞋履产品设计，附设计说明；并据设计主题运用恰当的图形、图案和材料完成作品装裱。

参考文献

[1]（英）阿基·乔克拉特. 鞋靴设计［M］. 陈望，译. 北京：中国纺织出版社，2013.

[2]张建兴. 鞋类效果图技法［M］. 北京：中国轻工业出版社，2005.

[3]徐波，李波. 革制品人机工学［M］. 北京：中国轻工业出版社，2016.

[4]洪兴宇，文涛. 平面构成［M］. 合肥：安徽美术出版社，2005.

[5]李莉婷. 色彩构成［M］. 合肥：安徽美术出版社，2005.

[6]何燕，张永. 基础素描（上）［M］. 苏州：苏州大学出版社，2005.

[7]王小雷. 新编鞋靴设计与表现［M］. 北京：中国纺织出版社，2014.

[8]（英）Simon Seivewright. 时装设计元素：调研与设计（第二版）［M］. 袁燕，肖红，译. 北京：中国纺织出版社，2014.